OEUVRE ROYALLE DE CHARLES VI. ROY DE FRANCE.

OEVVRE ROYALLE de Charles VI. Roy de France.

CHARLES par la grace de Dieu, Roy de France, Seigneur des Seigneurs, Disciple de Philosophie, & Secretaire de souueraine diuinité, de cœur bien veillant, cõme de Pere bien vray, sans feintise descouuriray à vous mes tres-chers enfans, lesquels allez medisant & fouruoyãt par les deserts, les profonds secrets de mon cœur, lesquels la grace de Dieu nostre Seigneur m'a reuelé, non pas pour mon merite, mais par sa grace: Lesquels secrets ont esté obscurez & celez, car les Philosophes les ont tousiours couuerts & occultez comme leurs propres pechez, & lesquels hommes nostre Pere a laissé à ses successeurs obscurs & tenebreux, par paroles estranges, metaphores, & semblables diuersitez; Et moy-mesme ouurant & estudiant en la plus grande Philosophie, trouuay toutes ces escritures si estrãges & sincopees, qu'en nulle maniere ne pouuois apperceuoir ne extraire leur intention: iaçoit que aucuns d'eux ayent aucunefois dit paroles de la perfection du grand Magistere, lesquelles sont vrayes: Toutesfois ils les ont dites si disiointes l'vne de l'autre, l'vne çà, l'autre là, & dessous si nebuleuses couuertures, aucunefois negligentement, autrefois obscurement, & deceuant les auditeurs par diuerses manieres de semblables, qu'à peine peut nul paruenir à entendre les secrets des Philosophes: c'est à sçauoir des secrets de Nature, de l'apparoissance du Soleil & de la Lune; Pour laquelle chose ie fis par mes Clercs, Maistres & Philosophes assembler toutes les escritures, toutes les sciences, & toutes les inuestigations faictes par diuers ouurages, au deuant dit Magistere & inuestigation; or longues, or briefues, or de grand coust, or de peu de prix, & toutes les trouuay vaines, vuides & estranges de mon entente, ainsi comme si ce fussent songes.

Apres tout ce aduint vne nuict que ie veis vne merueilleuse vision, de laquelle ie fus maintesfois trauaillé, car ie me veis pres de la porte du souuerain Ciel *& vn homme de grand estage* s'apparust à moy, lequel me mena droit à *vn fenestrage par* où ie veis toutes les choses qui estoient dedans le Ciel, & vey entre les

autres choses, neuf ordres d'Anges, lesquels auoient vn Prince pour Seigneur, lequel ils adoroient; & attendu que les Anges estoient appellez en ceste maniere Anges, Archanges, Vertus, Principautez, Puissances, Dominations, Throsnes, Cherubins, & Seraphins & moy qui moult desirois sçauoir & entendre le Magistere des choses sceuës, esleu vn Ange en chacun ordre, & m'accointay de luy, à celle fin que i'eusse response des choses que ie voulois enquerre. Et esleu du premier ordre le premier, le second du second, du tiers le dernier, du quart le cinquiesme, du cinquiesme le quatriesme, du sixiesme le troisiesme, du septiesme le huictiesme, le sixiesme du nufiesme, qui est le dernier du septiesme, & adonc le prochain au dernier, puis le septiesme le premier, le sixiesme auec le tiers, le quatriesme le neufiesme, le second le cinquiesme, & eurent conseil ensemble: & ie leur demanday le nom du grand Prince a leur Seigneur, & ils me respondirent par accord selon l'ordre dessusdit: Ne doute mie du nom du Prince, si tu apprends vne chose, à sçauoir: Il me fut aduis que ce fut truffe ou fantosme: car i'ay sceu vne chose, à sçauoir vn Seigneur auec sa bataille, & si sceu le soleil & la Lune, auec les autres choses du Ciel: Aussi ie sceu vne chose, & si en sceu plusieurs : & non pourtant ie ne sceus mie le nom du Prince, & pource ie ne les entendois point: parquoy, i'ay comme simple, & non sçachant, prins des Anges le septiesme, le huictiesme, le sixiesme, le cinquiesme, & leur priay humblement qu'ils m'accomplissent mon desir en lãgage *Latin, Frãçois*, ou *Anglois*, si que se puisse sçauoir le nom du grand Prince dessusdit, & ils prindrent auec eux le second, le premier, le trois, & le neufiesme, & le quart, & firent conseil entre eux general, & me dirent par vne voix commune *Numera sic*, c'est à dire, compte depuis vn iusques à cent mais rien ne trouuay de ce que desirois : & lors ie me tenois pour deçeu & trahy, m'en voulois aller comme forcené : mais le vieillard me tenoit fort par la main, & appella le premier Ange, & luy demanda son nom, & il respondit i'ay nom Blanc : puis appella le second, & il dit, i'ay nom Rouge : & le tiers auoit nom Paillereux : le cinquiesme appellé Or volant, le septiesme estoit appellé Noir : Saturne & le dernier s'appelloit Inuincible : c'est à dire qu'on ne le peut vaincre : le quatriesme dit qu'il auoit nom Celestiau ; le prochain dit au neufiesme, qu'il auoit nom Vert : & en la fin il appella le sixiesme, & il respon-

dit

dit qu'il auoit nom moult de couleurs : & moy qui tout cecy entendis les noms dessusdits, mais le nom du Prince que ie desirois sçauoir ne l'entendis point. Lors me dit le Vieillard : Beau amy, sçachez de certain que *le Chef* est Prince de tous ; & ce dit ie m'esueillay soudainement, & commençay à penser quelle chose peut estre le Chef. L'vne fois s'apparut au Soleil, l'autre à la Lune, l'autre au Ciel, l'autre à la Terre, l'autre à aucune des Planettes ou és autres substãces, & n'y trouuay rien de certain & verité, dequoy ie fus moult iré ; Si me pensay d'aller par le monde, pour descouurir & sçauoir les secrets & perfections vrayes de la vision & des merueilleuses choses dessusdites.

En la parfin passay par Inde la Mayeur, en la partie Orientale ; & par la diuine inspiration, ie veis les rays du Soleil leuant, & la Lune resplendissante : & me fut bien aduis, mais pas n'estois biẽ certain pour l'obscurité des nuës & des bruïnes qui voloient par l'air, Et pource que i'estois moult trauaillé allant & venant, en estudiant & courant selon la science de naturelle Philosophie, & mesmement des secrets des plantes, & des Principes de Nature, & des accidents suruenans des œuures moyens en la composition de la transsubstantiation, doutant & desesperant trouuer meilleur lieu plus conuenable & plus certain, où ie peusse mentionner plus parfaictement à reuis pour escheuer les froidures de l'hyuer, & des bestes mauuaises & venimeuses, lesquelles m'auoient aucunefois mis en peur & grand peril; & ce fut le premier iour de Ianuier, celuy habitacle & celle maisonnette faicte, ie m'en yssy & m'en allay par le bois querant & cherchant victuaille auec ces bestes menuës en assemblant vne grande quantité, & en fis pouruoyance en ma maison pour viure en repos, & en attendant beau tẽps clair & delectable: Et aduint qu'vn iour i'estois en ma maison, & vis par vn pertuis vn tres-grand Dragon, ancien & vieil de cinq mil ans ou plus, venant d'estranges regions, & portant auec luy sa propre femme grosse & preignante: de laquelle chose ie fus merueilleusement esbahy & espouuenté, & regarday, & vy que le deuant dit Dragon, vieux & fort, enleua & osta la souueraine chef & copuleuse partie de la mõtagne, forma & entra par dedans: Apres ie m'en yssy & la vy ronde & concaue par dedans, forte & fermee tout enuiron, & vy le Dragon parmy la partie souueraine en vne maison ronde au mont & de pierre; & celle chambre estoit droit au milieu de la maison : là descendy en ma maison pensant comment ie me pourrois garder de son venin. Ie me leuay de nuict & montay sur la montagne & m'apperceu que le Dragon & sa femme dormoient:ie m'en rentray tout subtilement en la montagne, & trouuay la maison grande & ample, couuerte : ie m'en allay entour la chambre & entray par dedans, & estoit ainsi; & en la fin le nid du Dragon emmy la chambre bien appareillee & faicte de pierre, dont ie fus moult esbahy & paoureux, & allay tout enuiron, & trouuay par dessus vne entree petite & bien estroitte, & vy le Dragon gisant auec sa femme preignante, laquelle s'efforçoit d'anfanter, & d'auoir sa deliurance. Adonc ie commençay à penser & r'estudier comment ie les pourrois subtilement enclorre & m'en yssir, & trouuay vne pierre moult bien faicte, de laquelle i'estoupay la bouche du nid & sigillay fermement, & la chambre aussi par dessus d'vne grande pierre, & ainsi couuris la maison le plus proprement que ie peus trouuer. Apres tout ce, pensant & considerant la puissance du Dragon, & la vertu de sa femme, & doutant s'ils yssoient dehors qu'ils ne me fissent peur, prins la souueraine partie de la montagne, si que par nulle maniere ils ne se puissent yssir; adõcie m'en party & m'en allay en ma maison, & dormy tout à seur. Le lendemain au matin ce fut le tiers Dimanche auant la Septuagesime i'ouuris vne fenestre de ma maison, & vis vn grand serpent rouge, mais foible, & estoit plus ancien que le Dragon, car c'estoit son pere, & vy qu'il venoit de loin petit à petit tout temperament iusques au pied de la montagne, & queroit le Dragon & sa femme lesquels il cuidoit auoir perdus, car ils s'en estoient fuys de luy. Cestuy serpent s'approchant assez sentit par son odeur que le Dragon & sa femme estoient en celle montagne, & allay regarder tout autour la montagne, & trouuay en la sousterraine parde la montagne vne cauerne assez petite, moult estoit pleine d'engin & subtilité, iaçoit qu'il fust ancien & foible, si comme pere d'iceux qui estoient en celle montagne enclos moult irez & courroucez estoient de ce que ses propres faons s'en estoient fuys de luy, & esloignez de luy par maniere de discord, & pensant comment il le pourroient chastier & faire accordance auec luy tousiours sans faire desseurance: adonc il entra en la cauerne par dessous, & à peine pour la felleté de luy, & si cõme il gisoit en la cauerne il vid la montagne ronde par dessous, & ses faons lesquelles il auoit nourris enclos en la souueraine partie de la mõtagne il ouurit sa bouche & en ietta vn venin attemperé, non pas trop fort, & monta par la montagne petit à petit, & vola entour de la maison de l'enclos & nid, & n'y pouuoit entrer, car si comme deuant i'ay dit, i'auois estouppé, fermé & sigillé les portes, & les fenestres de la chambre & du nid, & le venin ne s'en pouuoit issir, car i'auois bien couuert la montagne par dessus de son couuercle, si comme il est escrit par deuant. Le serpent comme sage, discret & malicieux entendant les enclos ses fugitifs de leur desobeyssance punir ou mettre à mort ou à sa mercy, i'appereeu bien que son venin ne s'en pouuoit issir, pource que la montagne estoit bien close, & que sa vertu par continuation de perseuerance transperceroit l'habitacle de ses rebelles, & pensant que le Dragon & sa femme qui moult estoit fort & fier s'il sentoit venin trop aigre transperceroit tout, & s'en iroit par force: & par vigueur gisoit & se tapissoit tres sagement & en pensement en sa cauerne, & iettoit continuellement son venin foible & attemperé iusques petit à petit tresperça la maison & la chambre iusques és enclos, &

ainsi cõme cette chose eut duré trois mois le Dragon & sa femme s'esueillerẽt comme d'vn grief songe. Et quand le Dragon sentit le venin de son pere approcher il descendit ses membres, pensant comme par desdain que ce petit venin ne luy pourroit nuire ne aux siẽs: mais la *Mulier* qui moult aymoit son mary, & doutant fort le venin du serpent, pria son mary le Dragon qu'il couurist tous ses membres, laquelle chose il fit volontiers: & non pourtant elle sentant & odorant le venin du serpent enfanta par grand peur, & celuy enfant tantost qu'il fut né, sentant & apperceuant le venin present ne l'osa attendre: ainsi ouurit ses aisles & s'enuola, fuyant en la souueraine partie du nid, & quand il trouua l'huis fermé & clos, il commença à hurler & à plaindre, & par grand ennuy qu'il auoit se laissa cheoir par deuant les pieds de son pere en desirant paix & repos & soulas de seureté. Si comme gisoit tout esbahy, il sortit derechef le venin tres-prochain qui le vouloit estrangler, & commença à parler & s'enuola fuyant vers la souueraine partie du nid, & recheut à val en telle maniere qu'il renuersa tous ses membres, & il s'efforça de monter & voler derechef, & tousiours redescendoit, & ce fit plusieurs fois, & il continua, & en montant & deuallãt tant qu'en la fin ne pouuoit plus monter, ains gisoit tout coy; & moy qui desirois la lumiere du Soleil & de la Lune, regardois souuent l'air & la montagne, & n'y voyois rien de ce que ie desirois, si que i'estois presque desesperé; non pourtant ie vy choses horribles & merueilleuses sans fin, lesquelles ie n'auois oncques veuës; car ie vys nuës & souuent muees en diuerses couleurs, & les nuees qui estoient premierement citrines comme couleur d'or resplandissante, estoiẽt autrefois de couleur vermeille, & aucunesfois derechef citrines, & puis rouges, & puis vertes, bleuës ou perses, & aucunefois noires, & en la parfin ie, comme desesperé & forcené, me leuay & montay sur la montagne, & ouury la montagne, maison & chambre, & allay autour du nid, tant coyement, subtilement, & paisiblement ouuray le nid, & trouuay comme pleut à Dieu, le Dragon, sa femme, & leurs fils, tous conioints & conuertis en semblance blanche, de laquelle chose i'eus tres-grand' ioye, & non creant de mort mourir, en iettay vne partie sur dix milliõs de partie d'air, & tantost apparust la Lune resplendissante sur moy de tres-belle splendeur; apres tout ce moy qui estoit moult ioyeux, & bien aise regarday le serpent, lequel m'aydoit par tres-grand ire, & estoit enflé, & plus fort & plus grand, & l'ouy en la chambre profondement perseuerer, pensant la fin attenduë, & voir qu'il entẽdoit à faire: i'estouppay derechef diligemment tous les pertuis & les entrees du nid de la chambre, de la maison, & de la montagne, & m'en allay en ma maison, en attendant en bonne esperãce & en grand delict, les aduentures lesquels i'auois long temps desirees, & tres-bien matin l'vn des Samedis, c'est à sçauoir la vigile de Pasques ie me leuay de mon lit, & ouuray la fenestre: cy vis le serpent du tout en la cauerne mort, & estoit deuenu ainsi comme cendre, Adonc ie montay hastiuement sur la montagne par grand desir, & ouuray tous les pertuis & les huis, & la substance de l'enclos laquelle auoit esté premierement blanche, trouuay transmuee & changée en sang tres-vermeil, duquel i'ay ietté & espandu vn petit en l'air, si comme deuant est dit, & mille milliers de parties de l'air me demonstrerent le Soleil resplandissant: Adoncques ie rendis graces & loüanges à Iesus-Christ mon Createur, qui l'accomplissement de mes desirs m'auoit octroyez d'auoir le secret de Nature reposé & celé à plusieurs autres, & laissay maison & montagne, & toutes les Indes, & m'en reuins en France mon pays, pour seruir le pere glorieux plein de iustice, & de misericorde, qui par sa grace nous meine tous á bonne fin, & donne vie perdurable *in secula seculorum. Amen. Deo gratias.*

Remarques sur l'œuure Royalle.

LA montagne, est le four cy deuant dit: le deuant dit Liure est party en trois parties principales par vie de percherie, & dure iusques au cinquiesme. Apres tout ce aduint vne nuict, & là commence la seconde partie, en laquelle le vaillant Roy demõstra son songe, & dure iusques au troisiesme: en la parfin ie passay par Inde la Majeur, & là commence la troisiesme partie, en laquelle il declare son operation par vision du Dragon & sa femme preignante & grosse, & du serpent rouge leur pere, & dure iusques à la fin. En la premiere partie faict trois choses. Premierement demonstre la bõne affection qu'il a enuers les enfans de Philosohie. Secondement, demonstre la grande difficulté de l'Art. Tiercement, demonstre la grande peine qu'il eut de faire corriger diuerses escritures, & de les mettre en practique, & en la fin, les trouuer vaines.

La seconde partie principale qui est moult obscure: il me semble qu'elle enseigne à naturellement cognoistre, tant les mineraux, que les metaux, par voye de Naturaliste, & nomme la matiere & les couleurs. En la troisiesme partie principale, le Roy vertueux par tres-gratieuse fixion declare quatre choses. Premierement la matiere là où il dit qu'il passa par Inde la Majeur, c'est par le Mercure des Philosophes en l'œuure Majeur, qui est de couleur Inde ou bleuë, s'il est bien faict; & là où il dit, que par la diuine inspiration il vid les rays du Soleil leuant, & de la Lune resplendissante, *quia in istis duobus*, selon les Philosophes, *sunt radij tingentes*, & la Majeure part des Philosophes s'accordent auec tres-clair Roy plein de grande Philosophie; & ce qui troubloit la veuë au Roy, c'est à sçauoir nubles & bruines, estoit la liqueur Inde, en-quoy estoient dissoults: & toute chose liqueuse est humidité, cõme l'hyuer est vaporeux, si que le Soleil & la Lune qui estoient là, en liqueur faicte, ne pouuoient monstrer leurs rays iusques au beau temps, qui est quand la liqueur se desseiche: car lors se demonstroient les couleurs, ainsi qu'il met au, texte; & c'est quant à la matiere. Secondement demõstre les instruments: car la montagne où entra le Dragon qui portoit sa femme grosse, c'est le four qui s'appelle Athanor, & la pierre qu'il osta de sa souueraine partie de la montagne est le couuercle dudit four, la maison du Dragon est la superieure concauité dudit four, & la chambre du Dragon est le couuercle de deux pieces du verre, lequel verre est le nid où le Dragon vouloit attendre la natiuité de son fils, lequel estoit au ventre de sa femme la Dragonnesse; & ainsi le Roy s'accordant au dict des Philosophes, qui disent que Mercure qui est Dragõ, *In triplici vase est coquẽdus in vitro secundo corpulo terreo. j. Camera. & domo. j. superiori, in tertio se transformat Athanoricæ quæ dicitur mons.* Et le serpẽt rouge qui se met en la cauerne dessous est le feu, lequel les auoit engendrez & nourris, lequel se doit administrer en la cauerne dessous la Platine de Mars, qui est le lieu où se faict le feu à nourrir les choses dedans l'Athanor. Tiercement, demonstre comment on doit ouurer de la matiere auec les instrumẽts. Là où il dit, que le Dragon qui s'enuola en haut, quand il sentit le venin du serpent rouge, c'est le Soulphre qui se fixe, montant & descendant par la vertu du venin du serpent rouge, c'est par la vertu du feu, par reiteration de mutations sur les pieds de son pere & de sa mere, qui sont substances fixes, & les couleurs le monstrent auant la blancheur, & quand est deuenu blanc, vne part iettee sur mille mille d'air, c'est du Mercure qui est air, le conuertit en tres-fine Lune resplandissante, lors le serpent rouge sentant qu'ils sont meus, plein d'ire & fort enflez, iette plus fort venin, c'est force de feu continuel, le faict tourner en sang vermeil. Quartement enseigne le temps qui n'est pas long du premier de Ianuier iusques à Pasques qui sont trois mois, & audit temps enseigne le Libateur & non plus, & me semble que le demeurant est clair, & assez ententible, ainsi qu'en cette troisiesme partie recapitulant en brief aurez quatre choses, declaration de matiere, d'instruments, d'operation, & le temps.

La montagne est le four d'Athanor auec tous ses instruments & couuercles.

La maison est la partie superieure de l'Athanor.

La chambre est le couuercle du verre.

Le nid est le vaisseau du verre où est le Dragon & sa femme.

Le Dragon est le Soleil resolu en humidité, & la *Lune* est sa femme preignante du Soleil.

Le fils est le Soulphre blanc & rouge.

Le serpent rouge est le feu qui est leur pere, qui est foible & fort selon la volonté de l'artiste.

La caverne est son habitation.

L'inde Orientale est l'argent-vif, qui est de couleur d'Inde.

FIN.

THRESOR DE PHILOSOPHIE OV ORIGINAL DV DESIR DESIRÉ de Nicolas Flamel.

LIVRE TRES-EXCELLENT.

contenant l'ordre & la voye qu'a obserué ledit Flamel en la composition de l'œuure Physique, comprise sous ses figures hierogliphiques.

Extraict d'vn ancien Manuscrit.

THRESOR DE PHILOSOPHIE, ou Original du desir desiré de Nicolas Flamel.

CE Thresor de Philosophie nous enseigne la sainctete de celuy à qui sont & appartiennent toutes choses, le Ciel, la Terre, & la Mer, & toutes autres choses creées en iceux, & de luy procedent tous les thresors de la sapience, estant luy seul Createur de tout, & qui de neant a eu puissance de creer toutes choses, & a voulu lier & adjouster les choses alienes & estranges auec les propres faisant accord entre choses differentes, & a voulu par sa bonté donner santé, & guarir par certains medicaments les choses malades, & donner perfection aux imparfaictes: ce que les Sages & Philosophes anciens ont cogneu & entendu plainement par deux moyens, comme ils ont traicté & escrit en ces liures: Desquels deux moyens, l'vn est vray, & l'autre faux: le vray ils l'ont mis en escript par ces paroles obscures, afin qu'elles ne soient entenduës plainement si-non des Sages, les ayans celez & cachez aux malins, qui eussent peu profaner ceste science.

Sçachez donc que ceste science est cognoissance des 4. Elements, & des temps & qualitez d'iceux mutuellement & reciproquemẽt changees l'vn en l'autre: dequoy les Philosophes sont tous d'accord. Et sçachez qu'en toutes choses creées dessous le Ciel, il y a quatre Elements, non pas visibles à la veuë, mais par effect, au moyen dequoy les Philosophes sous couuerture de la doctrine elementaire, ont baillé & mõstré ceste science, & en ont ouuré: mais n'ayant point intelligence de la lettre, ils entendent par les 4. Elements plusieurs choses comme sang, poils, cheueux, œufs, vrine, & autres choses dequoy ie me suis mocqué: ce que i'ay faict quand ie me suis remis au meilleur sens que ie n'auois eu. Or donc ayant recogneu la vraye matiere, *ou sperme & semence de tous les metaux, & que c'est le Mercure cuit & congelé au ventre de la terre par la chaleur du soulphre qui le cuit selon sa propre vertu*: Duquel par la multiplication d'iceluy plusieurs & diuers metaux sont produits & procreez en terre, car la semence ou matiere d'iceux est vnique & semblable : mais toutesfois lesdits metaux sont differens par la seule action accidentale, de sçauoir par la decoction & nutriment plus grand ou plus petit, temperé ou intemperé, bruslant ou non bruslant ; & ainsi tous d'vn accord l'affirment les Philosophes. Car il est certain que toutes choses se font de ce en quoy il est apres resolu & dissoult, car la glace se conuertit en eaue par le moyen de la chaleur. Il est donc tout clair & manifeste qu'il estoit premieremẽt eauë : semblablemẽt tous metaux sont conuertis en Mercure, & pour ce ils ont esté Mercure en leur principe ; ce que ie monstreray cy apres. Ayant donc ainsi presupposé, nous pourrõs dissoudre l'argument d'Aristote, disant au 4. des Metheores, Sçachent tous artistes, que les especes des metaux ne se peuuent transmuer, s'ils ne sont reduits en leur premiere matiere, mais la reduction & conuersion d'iceux en leur premiere matiere est faicte ainsi que sera dit & declaré cy apres. La multiplication donc d'iceux est facile, non pas la transmutation ; car toute chose qui croist & naist en terre se multiplie, comme appert en toutes plãtes, arbres & animaux ; car d'vn grain s'engendre mille grains, & d'vn arbre procede mille rameaux & infinis ; & d'vn homme a esté faicte procreation de tout le genre humain. Tout ainsi dõcques que toutes choses s'augmentent & multiplient par leur espece, ainsi le metal se peut augmenter & multiplier & ce sans difference: Aristote faict question, & demande, à sçauoir mon si cecy se faict aux propres organes ou minieres naturelles ou artificielles. Or est-il ainsi que tous metaux naissent & croissent en terre : il est donc possible en eux estre aussi faicte augmẽtation & multiplicatiõ iusques à l'infiny, mais cecy ne se peut faire sinon parce qui est parfaict en la Lune ou ordre des metaux, desquels la perfection & entiere generation est esdits metaux l'absoluë & parfaicte medecine qui est l'Elexir des Philosophes, auquel n'est possible de paruenir, sinon par le propre moyẽ ou chose propre interposee, car il n'y a point mouuemẽt d'vne extremité en l'autre, sinon par leur propre moyẽ. I'ay veu la nature de ce moyen ou chose mediante, laquelle contient tousiours les extremitez lesquelles sont Soulphre & Mercure de l'vn & de l'autre sont accõply & paracheué l'Elexir de la chose mediante, laquelle naturellement est plus purifiee, cuitte & bien digeree meilleure & plus parfaicte, & ainsi plus prochaine. Or doncques tres-cher lecteur garde toy bien d'errer & faillir, car ce que l'homme aura semé il recueillera le semblable, il est donc patent & manifeste, qu'est ce que la pierre, & quels sont les moyens d'icelle, car rien estrãge n'y est adiousté, mais seulement les choses superfluës sont ostees: *Et rien ne conuiẽt à nostre secret sinon ce qui est prochain & de sa nature*: Ie t'ay donc tres-cher lecteur à present expliqué & declaré les sentence & dicts des anciens, & leurs paroles ou propos obscurs & cachez en paraboles, ce que i'ay voulu faire pour telle fin que tu estimes & iuges que i'ay bien entendu la doctrine & intention desdits Philosophes, & que aussi tu affermes qu'ils ont bien dit & escrit choses veritables.

De la premiere parole, ou propos des Philosophes.

LA premiere parole des Philosophes, est ce qu'ils ont appellé solution, & fondement de l'art, & pour autant dit Marie, mere & Propheteße, mollifie & mets vne gomme auec vne autre gomme par vray mariage, & tu la rendras cõme eauë courante, dit aussi le Prophete: *Si vous ne conuertissez la chose corpo-*

relle en vne incorporelle, vous trauaillez en vain & pour neât. De laquelle *solution & conuersion* traicte Parmenides, ou bien Egadimen au liure de la Turbe, disant, qu'aucuns oyans parler de telle solution, pensent & estiment que ce soit eauë de mer: Mais s'ils eussent leu les liures, & entendu certainement, ils sçauroiẽt & entendroiẽt estre telle *eauë permanente* laquelle sans son corps auec lequel est iointe & dissoulte, & faicte vne mesme chose, ne peut estre permanente, car la solution des Philosophes n'est pas imbibition d'eauë, mais conuersion & mutation des corps en eauë, de laquelle premierement ont esté creez, sçauoir en Mercure, tout ainsi que la glace se conuertit en eauë liquide, de laquelle premierement a eu son essence. Or as tu desia par la grace de Dieu vn Element qui est l'eauë, & aussi la reduction du corps en eauë liquide.

De la 2. parole des Philosophes.

LA seconde parolle est, que de l'eauë se faict terre auec legere & petite decoction & cuition si souuent reiteree iusques à ce que la noirceur ou couleur noire soit par dessus apparente: car comme dit Auicenne, au chapitre des humeurs: La chaleur produisant son action en corps humide, premierement engendre & faict apparoistre couleur noire, comme l'on peut voir à la chaux que l'on faict communément; Parquoy dit Monalibus, il commande & exorte ceux qui viendront apres moy, qu'ils facent & rendét les choses corporelles, non corporelles, par dissolution, en laquelle il conuient diligemment prẽdre garde que l'esprit ne se conuertisse en fumée, & se perde par trop grand feu & chaleur: au moyen dequoy dit MARIE garde bien ledit esprit, & aduise que rien ne s'en voise par fumee, & soit mesuré & contemperé le feu à la proportion de la chaleur du Soleil, au mois de Iuillet; afin que par longue & amiable decoction, l'eauë se rende espoisse, & soit faicte & conuertie en terre noire: par ce moyẽ tu auras l'autre Element qui est la terre.

De la 3. parole des Philosophes.

LA tierce parole procedante des Philosophes est la mondificatiõ, ou purification de la terre, dont Morienus dit, ceste terre auec son eauë vient à putrefactiõ, & se mondifie & nettoye, & quand elle sera bien-nettoyee, tout le secret par l'aide de Dieu, sera bien gouuerné: Aussi dit Hermes Azoc, & le feu blanchissent le Leton, & ostent de luy la noirceur: Et pour ce dit Morienus, blanchissez le leton, & rompez vos liures, à ce que aussi vos cœurs ne soient rompus, c'est la compositiõ de tous les sages Philosophes, & la tierce partie de toute l'œuure. Adioustez donc, comme il est dit en la Turbe, la siccité de la terre noire auec l'humidité de sa propre eauë, & cuisez là, iusques à ce qu'elle soit rendüe & faicte blanche, & ainsi tu as l'eauë & la terre auec l'eaüe blanchie.

De la 4. parole des Philosophes.

LA 4. parole des Philosophes est l'eauë, laquelle pourra monter par sublimation quand elle sera rendue espoissie & coagulee ou conioin te auec la terre, & par ainsi tu as la terre, l'eauë & l'air, & c'est ce que dit Philippus en la Turbe, Blanchissez-le, & soudainement par feu distillez-le, iusques à ce que de luy sorte vn esprit, lequel treuuerez en iceluy, lequel est dit & nommé la cendre d'Hermes: Parquoy, dit aussi Morienus, ne mesprise pas la cendre, car elle est le diadesme de ton cœur, & cendre permanente, & au liure appellé Lilium, il est escrit, estant augmenté le feu par bon regime & gouuernement, apres estre paruenu au blanc on paruient à la cineration, sçauoir à la couleur de cendre, ce qui est nommé terre calcinee: parquoy, dit Morienus, au fonds ou lieu infime demeure la terre calcinee, laquelle est de nature de feu, & par ainsi tu as aux susdites propositions 4. Elements, à sçauoir l'eauë dissoluë en terre dissoluë, l'air subtil en feu calciné. De ces quatre Elements, dit aussi Aristote, au liure du regime & gouuernemēt des Princes à Alexandre. Quand tu auras eu l'eauë de l'air, & l'air du feu, & feu de la terre, alors tu auras plainement, & à perfection tout l'art de Philosophie, & c'est la fin de la premiere composition, comme dit Morienus.

De la 5. parole des Philosophes.

MAintenant venons & passons plus outre à la seconde composition, laquelle monstre de faire le poix, & teindre & viuifier la premiere composition : au moyen dequoy dit Calib : Personne n'a peu ny pourra par cy apres teindre la terre feuillee, sinon auec or : Pource commande Hermes, disant, semez vostre or en terre blanche feuillee, laquelle par calcination est faicte de nature de feu subtil, & de nature d'air. En ceste terre donc nous semons l'or, quand nous luy mettõs la teinture d'or ; *mais iamais* l'or ne peut parfaictement teindre autre corps, quant à soy, ou de sa propre vertu, s'il n'est rẽdu parfaict par art : A cause de ce dit Morien : Iaçoit que ceste pierre nostre aye en soy desia naturellement teinture ; car en corps il est creé plus parfaictement : Ce neantmoins de soy n'a point de mouuement, s'il ne reçoit plus grande perfection par artifice de main, ou d'art, & de certaine operation ; dit aussi Geber au liure des racines. A ces fins se faict l'operation, à ce que soit faicte meilleure & plus parfaicte teinture d'or, plꝰ qu'il n'est en sa propre nature, & aussi afin qu'il soit faict Elixir, selon l'allegorie ou obscur parler des Sages, & qu'il soit faict vne confiture composee d'espece de pierre, & que soit faict medecine pour guarir, purger, & trãsformer ou trãsmuer tous corps en vraye Lune : *Mais à sça-*

uoir-mõ si nous auons besoin du seul or, & non d'autre corps: Escoute & entẽds Hermes, disant: Son pere à la premiere compositiõ est le Soleil, & sa mere est la Lune: le pere est chaud & sec, generant teinture: & sa mere est froide & humide, nourrissant, ce qui a esté engendré: pour-ce le Soleil & la Lune de soy & de leur nature sont difficiles à fondre; & quand ils sont conioints, ainsi que se faict la soudure à l'or, ils sont alors dissoults prõptement, pource dit Marie: Prens le corps, iette sur luy le Mercure clair, lequel ne se prẽd ny retient sinõ par putrefactiõ; & prẽs aussi la teinture de l'esprit, & l'approche au feu, iusques à ce que tout se fonde, & soudain iette sur luy sa femme, sçauoir la Lune. Doncques si en nostre pierre estoit teint l'vn d'eux, iamais la medecine ne fondroit facilement, ou se rendroit liquide, & ne donneroit point aussi teinture; mais le Mercure s'enfuiroit & en-uoleroit par fumee; pource qu'en luy ne seroit receptable ou corps receuable de teinture. Or est-il ainsi que nostre or final, & principal secret, c'est d'auoir ta medecine deuant que Mercure soit euidemment fugitif par liquefaction: vray est que de ces deux corps la conionction est necessaire en nostre œuure: Doncques, comme dit Geber, au liure parfaict de l'art, c'est le plus precieux des metaux, pource que c'est la teinture du rouge transmuant tous corps& d'autant que c'est le leuain qui cõuertit toute la masse ou paste en sa nature, il conuient le cuire, c'est l'ame qui conioint l'esprit auec le corps, car tout ainsi que le corps humain sans ame est mort & immobile, ainsi le corps, immonde & impur sans le leuain qui est son ame, car le leuain du corps preparé conuertit toute la masse & paste à sa nature,& n'y a point autre leuain sinon les choses appropriees au Soleil & à la Lune, dominãt sur toutes autres Planettes, semblablement ces deux corps dominent à tous autres corps, & les conuertissent à leur propre naturel, & pource sont-ils appellez ferment ou leuain, car sans iceluy les gommes ne se peuuent amender ny corriger, ainsi qu'a escrit Meridius, disant: Cecy ne se peut amender & corriger, si premierement n'est subtilié par art & par operation: à ceste cause, dit Hermes, mon fils extraicts, & attire la propre ombre des rayons du Soleil, sçauoir la terrestreit, ou nature terrestre, par ainsi la preparation & subtiliation du ferment & leuain nous est necessaire, comme pouuons voir & entendre par similitude d'vn enfant, lequel quand à la creation il naist parfaictement, mais ne peut venir à perfection d'operation ou de vie, s'il n'est premieremẽt allaicté & entretenu auec peu de laict: apres vn peu d'auantage, & sagement de peu à peu, augmentant sa nourriture, ainsi conuient il faire du tout en nostre pierre: Prens donc au nom de Dieu la quatriesme partie du *ferment du Soleil: sçauoir vne partie dudit ferment & trois parties du corps imparfaict: sçauoir de la Lune & vien dissoudre le fermẽt iusques à ce qu'il soit faict comme corps imparfaict*, & que la bouche du vaisseau soit bien fermee, par le moyen & ordre que i'ay dit cy deuant & soit faicte preparation à toutes choses, ce que commande Hermes, disant: Prens au cõmencement de ton œuure recentes parties & egales de la premixtion, & mesle le tout ensemble, & le picque ou brusle vne fois iusques à ce qu'ils soient comme par mariage adiustez, & soit faicte en eux conceptiõ au fonds du vaisseau. & la generation de la chose engendree soit faicte en l'air, dont dit Morien, faicte au commencement que la lumiere rouge reçoiue & prẽne la fumee blanche en vn vaisseau bien fort par ferme conioinction sans exhalation d'iceluy, c'est la cinquiesme parole.

De la 6. parole des Philosophes.

LA sixiesme parole des Philosophes est quãd tu conioindras la quatriesme partie du ferment subtilié, auec trois parties de la terre blanchie, & apres le viendras à imbiber de sa propre eauë comme deuant, & le cuits si souuent par reïteration iusques à ce que de deux corps en soit faict vn sans varieté ou diuersité de couleurs: Pour ce dit Morien; Quand le corps blãc sera calciné, mets en luy la quatriesme partie du ferment d'or; car le ferment, sçauoir l'or, est comme le leuain du pain, qui conuertit toute la masse ou quantité de paste en sa nature: cuits le donc en sa propre eauë, iusques à ce qu'il soit faict vne chose, & vn corps sec: car comme dit Marie, quand l'air le touchera & frappera, il le congelera & sera faict vn corps, c'est le secret. Sçachez que lors le ferment est baillé à son corps, lequel est son ame: ce que dit aussi Morien: Si tu ne mets & pousse le corps nettoyé iusques au fonds, & ne le rends blanc, & ne luy mets l'ame dedans, tu n'as rien appris, ny entens rien en ce secret: par quoy doncques soit faict commixtion du ferment auec le corps bien net & pur, non point auec corps immonde & impur ou sale: car comme dit Basius: Ces corps ne se peuuent receuoir ny mesler ensemble, si premierement ne sont nettoyez & bien purgez, car le corps ne reçoit point l'esprit, ny l'esprit le corps, tellement que le spirituel soit corporel, & le corporel, spirituel, si premierement n'ont esté bien nettoyez, & parfaitement purifiez de toute ordure & souilleure: mais quand ils sont bien nettoyez & purgez, quãt & quant & soudainement l'esprit embrasse le corps, & le corps l'esprit, & par eux on paruient en vne parfaicte opération & œuure.

Car ainsi est faicte alteration par nature, & ce qu'estoit gros & espois, est faict subtil & bien attenué: Ce que dit aussi Ascanius, au liure de la Turbe: L'esprit ne se ioint auec le corps, iusques à ce que ledit corps soit parfaictement repurgé & netoyé de son immõdicité & ordure. Quant à l'heure de la conionction plusieurs choses miraculeuses apparoissent, & se demonstrent, pour lors le corps imparfaict, prend vne ferme couleur & permanente, moyennant le ferment, lequel fermẽt est l'ame du corps imparfaict; Et l'esprit, moyẽnant l'ame, s'adiouste auec le corps, &

selie, & ensemble auec luy se conuertit en la couleur du ferment, & se faict vne mesme chose auec eux. Ce doux Elexir, ainsi que dit Auicenne lequel se teint auec sa propre teinture, se submerge & plonge en son huile, & se fixe auec sa chaux; de laquelle auons trouué l'eauë tout ainsi qu'est l'argēt-vif entre les mineraux; & son huile comme est le Soulphre ou l'Arsenic, mais aux mineraux encores se faict l'operatiō meilleure, plus copieuse & plus subtile. De ces rouës & mutations a dit aussi Marie, en ceste œuure il n'y a que choses merueilleuses, car en icelle il y entre quatre pierres, desquelles vn Roy tient le regime & gouuernement, par les choses dessusdites: dont il est notoire & manifeste à celuy qui bien & subtilement aduise & regarde à ce que les Philosophes ont dit & escrit, verifié en leurs paroles obscures, car ils disent que nostre pierre est de quatre Elements, & l'ont comparee ausdits Elements, & premierement il a esté monstré generalement, qu'il y a en icelle quatre Elements. car ainsi que dit Rasis, toutes choses qui sont icy bas dessous le Ciel de la Lune creées du tres haut & souuerain Createur, elles sont participātes des quatre Elements, non pas qu'ils soient apparans à la veuë, mais sont

sont cogneus par effect, car la pierre est vne seule chose, vne substance seulement, vne racine, & vne nature, comme dit Hermes: Commence au nom de Dieu, & cognoy la nature de nostre pierre, car elle procede de la racine de sa matiere, pource qu'elle est dans icelle, & d'icelle, & rien n'entre en elle qui ne soit sorty & procedé d'elle, veritablement rien ne conuient à vne chose sinon ce qui luy est plus prochain & pres de sa nature, car chacune chose ayme son semblable au moyen dequoy dit Platon, c'est vne substance & vne essence qui n'est qu'vne chose, chaud & sec, froid & humide, pource est dit & nommé le moindre ou petit monde, car de luy & en luy & auec luy & par luy sont tous metaux, c'est ainsi comme vn arbre duquel les rameaux & fueilles, fleurs & fruicts sont de luy & par luy, & luy est tout semblablement, il est vray que nulle chose ne s'engendre sinon de son semblable, ou chose semblable à son espece, ce qui est à soy homogené, sçauoir d'vne mesme nature. Ainsi telle chose n'est qu'vne & semblable, nō diuerses ny diuisees, mais les Philosophes ont appellé ceste pierre par noms de toutes choses corporelles, & de toutes especes. Parquoy dit Pithagoras, ceste pierre se nomme par tous noms, de laquelle toutesfois n'y a qu'vn nom propre seulement.

Par diuers noms s'appelle ceste Lune,
Et toutesfois sa nature n'est qu'vne.

Vers tournez en prose.

Ceste Lune, ame & eauë est dicte & nommée par tous noms, combien qu'elle n'en aye qu'vn, mais ainsi que dit Perier, delaisse la pluralité des noms tenebreux & obscurs; car ce n'est qu'vne nature qui surmonte toutes choses, & non point diuerses natures; emendant telle chose, veritablement il y a vne seule nature, laquelle se faict germiner & multiplier. Parquoy ainsi que dit Diomedes, nature ne s'amende ou corrige point sinon en sa nature, à laquelle ne veillez pas introduire autre poudre aliene, ny chose diuerse qui aliene, & qui ne l'amende ny corrige point, mais elle mesme se faict germiner & multiplier: ainsi que tesmoigne Marie, disant, Kibrit blanc & chaux humide, qui ne sont qu'vne chose, & d'vne racine, sont racines de cest art, & les Philosophes ont appellé ces choses par plusieurs noms, desquelles toutesfois ce n'est qu'vne chose seulement:

comme dit Morienus : Ie vous dits la verité, que autre chose n'a induit en erreur ou faict errer les Modernes & nouueaux Philosophes, sinõ la multitude & pluralité des noms: *Mais sçachez tous Philosophes, que ces noms ne sont sinon les couleurs apparẽtes en la coniõction*: Et ainsi tu n'erreras ny failliras point en la voye & chemin de l'œuure; & iaçoit que les Philosophes ayẽt multiplié leurs sentences & noms, toutesfois ils n'entendent point sinon vne chose, & vn chemin & moyen d'operer, & vne demonstration de couleurs : Et nottez que ceste diuersité de couleurs n'appert point, ny ne se monstre point, sinon en la coniondiõ de l'ame auec le corps : comme dit Morien, En vne fois seulement, le feu renouuelle en luy diuerses couleurs. Ils ont dit aussi, que nostre pierre est de corps, ame & esprit, & ainsi ont dit la verité, car le corps imparfait de soy est corps graue & pesant, informe, malade & mort.

L'eaue c'est l'esprit, qui purge, subtilie & blanchit le corps; le ferment c'est l'ame qui donne vie au corps imparfait, laquelle il n'auoit pas auparauant, & produit ledit corps à meilleure & plus excellente forme: *Le corps s'est Ven⁹ & femme, & l'esprit est Mercure*: Pource dit Morien, l'on ne peut auoir Mercure, sinon des corps liquefiez & dissouts par liquefaction, non pas vulgaire & commune, mais par icelle seulement qui dure & est permanente, iusques à ce que le mary & femme se soient vnis ensemble; ce qui dure iusques au blanc ou blanchissement; & note que le corps est du tout liquefié & fondu quand il apparoistra à la decoction de la noirceur: Parquoy dit Boellus, quand vous verrez que la noirceur est eminente & commence d'apparoistre à ladite eauë; sçachez que le corps est desia liquefié & dissoult: cuisez le à petit feu, & moderee chaleur en son eauë, iusques à ce qu'il se desseche auec sa vapeur pareille; & il s'en fera vne chose laquelle en soy introduira perfection; mais l'esprit conuertit à soy le corps sublimé & penetré, & pour autant se nomme eauë permanente & penetrãte, & eauë de vie: Pource dit Dardarius, au liure de la Turbe: Mercure, c'est l'eauë permanente, sans laquelle rien n'est faict; car sa vertu est sang spirituel, conioint auec le corps, & le change en esprit, par la mixtion faicte ensemble, & estans reduits en vn, se changent l'vn en l'autre; car le corps incorpore l'esprit, & l'esprit transmue le corps en esprit, le teint & colore comme sang: car tout ce qui a esprit, il a sang aussi, & le sang est vne humeur spirituelle cõfortatiue à nature, & sçachez que d'autant plus que le corps est cuit & trempé ou laué en sa propre humeur, tant plus apparoistra plus clair & meilleur: Mais ainsi que dit Morien, il n'y a rien qui puisse oster du Leton son ombre, sinon Azot, quand il est cuit auec luy iusques à ce qu'il le rẽde coloré & blanc comme les yeux de poissons, car pour lors il attend que sa vertu soit transmuee à la nature de son ferment.

Mais note que le ferment, c'est l'eaue fixe, qui teint & colore la pierre, la viuifie, l'embrasse & retient: Parquoy dit Marie; *Le corps fixe est de matiere de Saturne*, comprenãt digestion ou separation de teintures & couleurs, accomplissant la sapience des Sages, sans lequel corps fixe ce secret ne paruient à effect, iusques à ce que le Soleil & la Lune soient conioints en vn corps, car l'artifice de cet Art, comme dit Euclides, gist & consiste tant *seulement au Soleil & Mercure*: car eux estans conioints & adjustez ensemble, ont vne teinture infinie: car en l'œuure acquiert vne couleur meslee & respenduë en chose blanche, conuertit vne grande partie du blanc en couleur citrine: ce qui se peut experimẽter si tu iettes du sang parmy du laict

& de l'eauë : or donc comme est ja meslé le feu auec l'eauë, & serõt quatre; en apres faits que tout cela ne soit qu'vn, & tu paruiendras à ce que tu cherches, car pour lors sera faict vn corps debile sur le feu, & non debile, & sera sur luy paix; mais la preparation de ces choses dés le commẽcement iusques à la fin est la louable eauë fixe : car elle monstre manifestement sa teinture en sa projection, & c'est la mediatrice ou chose moyenne entre choses contraire, & elle mesme est le commencement, le milieu & la fin, ou chose premiere, moyenne & finale, mais qui entend cecy il comprend sapience. Ont dit dauantage aucuns Philosophes : *Si vous ne conuertissez les corps en non corps, & faictes que les choses incorporées ayẽt corps, vous n'auez point trouué la reigle, & chemin de verité*: & quãt à ce que les Philosophes disent la verité, c'est en icelle operation : *Car le corps premierement se fait & rend eaue & ainsi la chose corporee se faict incorporée sçauoir esprit, en apres en la conionction l'esprit sçauoir l'eaue se fait corps Et pour autant, dit Hermes, conuertis & change les natures; & tu trouueras ce que tu cherches?* ce qui est vray : car en nostre art & secret; Premierement nous faisons d'vne grosse chose vne gresle & bien subtile, c'est à dire du corps, faisons eaue: en apres de chose humide faisons chose seiche : sçauoir de l'eaue terre, & par ainsi nous conuertissons & changeons les natures : car de chose corporelle nous en faisons chose spirituelle, & de la spirituelle corporelle : Et c'est ce que dit le mesme : Nostre œuure est conuersion & changement des corps d'vn estre à vn autre, & d'vne chose en vne autre, de foiblesse en puissance & force, de grosseur & espoisseur à tenuité & mollesse, de corporalité à spiritualité, tout ainsi que la semence de l'homme en la matrice de la femme, par leur naturelle conionction se faict mutation & changement d'vne chose en autre, iusques à ce que soit formé l'hõme parfaict, duquel a esté la racine & commencement, & ne se change point de celuy, ny de sa racine ne se faict aucune diuision : Car comme dit Aristote, toute generation est des choses conuenantes en nature : ce qui est vray, & mesmement en la generation des metaux. A cause de ce dict les Philosophes, ne faictes point entrer en luy aucune chose estrange & aliene, ny poudre ny eauë, ne autre chose ; car si en luy entre aucune chose aliene, elle le corrompra & destruira du tout : Pour autant dit Aros Roy : Qu'il ne soit point congluti-né sinon auec son noble Soulphre à soy semblable, pource qu'il est de luy: en apres nous faisons que ce qui est au dessus est tout ainsi que ce qui est au dessous, c'est à dire que l'esprit soit faict corps, & le corps esprit, comme est dit au commencement de nostre œuure, comme il appert & se cognoist en la sublimation, car ce qui est dessous est comme ce qui est dessus, & au contraire, & le tout se conuertit en terre: Et pour ceste raison dit Hermes, ce qui est dessus par sublimatiõ est comme ce qui est dessous par descension ou abaissement, & ce qui est dessous par constipation, est cõme ce qui est dessus par ascension ou eleuement, pour preparer choses miraculeuses d'vne chose: Leauë & la terre ont le lieu bas, l'air & le feu montent en haut; l'eauë & la terre conçoiuent & nourrissent: l'air & le feu font action, conioignẽt & adjustent, & ces quatre en nostre pierre conuiennent & accordent ensemble, ainsi que dit Senior, disant que les quatre Elements sont purifiez en nostre pierre: *Car en icelle est l'eaue fixe, l'air qui est tranquille, la terre est ferme, & le feu enuirõne le tout.* En telle repugnãce en icelle il conuient, voir ces quatre natures sont en elle, & par elle sont engẽdrees. Il est donc manifeste par les choses predictes que nostre pierre est des quatre Elements,

Les Philosophes ont dit aussi que nostre pierre est des quatre Elements qui contiennent comme dit est, corps, ame, & esprit. *Et disent ces trois choses estre d'une nature, & d'une matiere, & estre auec une eaue, & vne racine:* Dont certainement ils disent verité: car tout nostre secret & œuure se faict auec nostre eauë, & d'elle & par elle sont toutes choses necessaires: car elle dissout les corps, non point par solution vulgaire & commune, ainsi que croyent les ignorãs, que se conuertissent en eaue les nuees fondantes, mais par vne vraye solution Philosophique, sçauoir qu'ils se cõuertissẽt en eaue vnctueuse & glutineuse, de laquelle dés le commencemẽt desdits corps ont esté procreez: Parquoy dit Socrates, la vie de toute chose c'est l'eaue, car ceste eaue faict dissolution de corps & esprit, & de chose morte en fait vne viue: c'et le vinaigre tres-fort, & plus aigre que l'aigre; cuisez-le iusques à ce qu'il se face espois, mais toutesfois prenez bien garde que le vinaigre ne se conuertisse en fumee, & qu'il se perde ou esuanoüisse du tout. Au surplus ceste mesme eaue transforme & conuertit les corps en cendres, & les puluerise aussi & incere: selon que dit Martas Roy: *Nostre eaue congele les corps, & les faict & rend noirs, & icelle eaue laue &*

nettye tous corps & oste toute noirceur, & teint toute matiere blanche, & la faict rouge; & viuifie toutes choses mortes en vie perpetuelle, & pour ceste raison elle est fort estimée & exaltée: car entre toutes choses c'est elle qui fait plus grandes & merueilleuses operations: Morien dit, que Azoc & le feu blanchissent le Leton, & oste de luy entierement toute obscurité: mais le Leton c'est vn corps immonde & mal net, mais Azoc c'est Mercure. Dauantage ceste eaue conioint diuers corps estans preparez, ainsi qu'a esté dit, par telle conionction, que la chaleur du feu ne la peut surmonter: La susdite eaue faict mariage entre le corps & le fermët, & d'iceux mue & change l'vn en l'autre, & defend la confusion & combustion du feu, car la terre estant calcinée & blanchie montant en haut se fait & rend spirituelle & airee ou de nature d'air au moyen dequoy est chose spirituelle & airee, incorruptible & penetratiue. A cause de ce Hermes dit, l'eauë de l'air estant entre le Ciel & la terre existente c'est la vie de toutes choses, car elle est la mediatrice entre le feu & l'eaue par sa chaleur & humidité, parquoy ceste eaue reçoit feu; pour ce que par raison la chaleur est plus voisine du feu, & plus prochaine de l'eaue par humidité: &

pour ce faict-elle mariage entre l'homme & la femme, car l'esprit consiste de subtilité en la beauté & formosité de l'air : l'eaue doncques de l'air viuifie le mort, & faict le mariage, & garde la composition de la combustiō du feu, & pour ce les Philosophes ont dit, Conuertis l'eaue en air, afin que soit faicte vie auec vie, pour ce qu'elle est vie & esprit quād elle sera entree : nostre eauë doncques vient à sublimer les corps, non par sublimation vulgaire, laquelle entendēt les idiots & ignorans, qui croyent & pensent que nostre sublimation soit montee en haut ; au moyen dequoy ils prennent les corps calcinez, & les meslent auec les esprits sublimez : sçauoir Soulphre, Mercure & eauë, le sel Armoniac & Arsenic, les conioignent & adiustent ensēble, de sorte qu'a force de feu font telle sublimatiō que les corps auec les esprits mōtent en haut, & disent lors que les esprits & corps sont sublimez & tres bien depurez & repurgez de leurs superfluitez : mais ils sont deceuz & trompez : car en apres eux treuuent tout cela plus immonde & impur qu'il n'estoit au parauant ; car l'art est plus debile que nature : A cause dequoy dit Albert le Grand au liure des Mineraux : Quand les humeurs alienes & estranges sont repurgees de la substance du Soulphre par artifice & vertu de nature, elles ne se peuuent mieux repurger par art ; d'autant que l'artifice de nature est plus certain & subtil que tout art : Parquoy nostre moyen de sublimer est des Philosophes: sçauoir d'vne chose petite, basse & corrumpue en faire vne grande: sçauoir pure & de grande perfection & excellence : tout ainsi que quand nous disons, c'estuy-cy est esleu & paruenu à tel degré de dignité : tout ainsi nous disons, les corps sont sublimez, c'est à dire subtiliez & changez en autre nature: Parquoy sublimer, c'est autant que subtilier : ce que faict bien du tout nostre eaue. A cause dequoy dit Morien, nostre eaue oste la puanteur du corps mort, auquel n'est point l'ame, & quant la dite eaue aura blanchi l'ame, & l'aura sublimee en gardant le corps, elle oste de luy toute mauuaise odeur.

ALCHIMEDES dit : Prenez la matiere de ces propres minieres, & la sublimez en ses hauts lieux: Enuoyez-la au plus haut de ses mõtagnes, & la reduisez à ses racines ; doncques sublimer, n'est autre chose que subtilier vne matiere grosse: Parquoy, dit Hermes, sublime subtilement & ingenieusement, & separe le subtil de l'espois ; car de la terre elle monte au ciel, & apres descend en terre, & reçoit la vertu superieure de sublimité, pour penetrer és inferieurs de grauité & pesanteur pour y demeurer & s'arrester : entends donc de telle sorte la sublimation des Philosophes : car plusieurs en ce cy sont deceus & trompez.

D'auantage nostre eaue mortifie les corps, & les viuifie, & les ameine en Occident, & apres les retourne en Orient, elle faict apparoistre les couleurs noires en la mortificatiõ, quand ils se conuertissent en terre moyennant la putrefaction : en apres plusieurs couleurs diuers apparoissent deuant le blanchissement, desquelles couleurs la fin est la blancheur, laquelle est stable & permanente : car tout ainsi que le germe du froment estant semé en terre, s'il est vne fois mort ou mortifié, il apporte apres vn grand fruict : Sçauoir il produit beaucoup de grains, mais s'il n'est point mort, il demeure tout seul : Semblablement les semences de toutes choses qui naissent & croissent sur terre, elles se changẽt & putrefient iusques à ce qu'en icelle soit entrée & introduitte corruption ; en apres germinent & se multiplient en telle semence de laquelle ont eu leurs racines & commencemens : Semblablement nostre eaue se nourrit, se putrefie & corrompt, & en apres en germinant resuscite, & se viuifie elle mesme: Pourautant dit Calib; Quand i'ay veu l'eaue se congeler soy mesme, certainement i'ay cogneu que la science estoit: & ay creu par telle indicatiõ & signe, que le secret estoit veritable: cuisez donc ceste eaue auec son corps iusques à ce que son humidité soit dessechée par le feu: & dessechez la de telle sorte iusques à ce qu'on puisse voir & cognoistre qu'elle a colligé & cõpris ses propres esprits, & qu'elle aura faict sa demeure en la racine de son Elemẽt: ce qui sera quand tu auras mortifié le corps blanc & tendre, lors sera l'eauë spirituelle ayant pouuoir de conuertir les natures en autres natures, & lors viuifiera les corps morts, les faisant germiner & fructifier: Au surplus nostre eauë est de diuerses couleurs & admirables: Car par icelles diuerses couleurs apparoissent & se demõstrent tant & en si grand nombre, qu'il est impossible d'excogiter ou penser: car pour lors l'esprit s'adiuste auec le corps par le moyen de l'ame: l'esprit est aussi le lieu de l'ame, & l'ame extraicte & tiree des corps est la teinture de l'eaue: Pour ce Senior dit, en ceste eauë est la teinture des Tanneurs, sur le drap duquel l'humidité s'en va

&s'apsente par dessechements, & la teinture propre demeure par impression : Le semblable est de ceste eauë ou ame, qui apporte la teinture, laquelle on met sur la terre blanche, sitibõde, fueillée ou escume: Telle eauë Hermes a nommee eauë d'escume d'or & fleur de saffran, pour ce qu'elle tient sa terre calcinée : Parquoy, dit-il, semez l'or en terre blanche fueillee, de là on procede à l'eaüe spirituelle, & l'ame demeure au corps, laquelle est teinture du Soleil : car ceste ame est tout ainsi que la fumee subtile insensible, qui ne se monstre point sinon par effect, & son action est manifestation & apparence de couleurs, & le feu s'engendre du feu, & se nourrit au feu, & est fils du feu, & pour ce faut qu'il soit reduit au feu, afin qu'il ne craigne point le feu; tout ainsi que l'enfant retourne aux mammelles de sa mere. Aucuns Philosophes aussi ont appellé nostre pierre metal blanc : Parquoy Lucas & Ismindrius en la Turbe ont dit : Sçachez tous qui cherchez nostre science, qu'il ne se faict vraye teinture, si non de nostre metal blanc, lequel n'est point metal vulgaire, car il gaste & corrompt tout cela, enquoy il est adiousté: Mais le metal des Philosophes blanchit tout cela où il est associé & le rend parfaict : A cause de ce, dit Platon, que tout or est metal; mais que tout metal n'est pas or: car en nature d'or il est presque semblable au metal quãt à la grauité ou duresse de l'attouchement: mais en nature de metal n'est autre chose qu'est en nature d'or par la corruptiõ qui est dans la terre & demeure dans la mer, tellement que nostre metal a esprit, corps & ame, & ces trois choses ne sont qu'vne, car esprit corps & ame sont vn; d'autant que ceste ame est esprit par vn, d'vn, auec vn, qui est racine de luy: Le metal donc des Philosophes c'est leur Elexir accompli & parfait, d'esprit, corps & ame: Pour autant lesdits Philosophes ont nommé leur pierre par diuers noms, afin qu'elle fust entendue par les sçauans & vrais Philosophes, & aux ignorans fust cachee, mais par quelques noms & tous diuers appellee toutesfois ce n'est qu'vne & mesme chose: Parquoy dit Morien,

Vers tournez en prose.

Il y a vne pierre occulte, absconsee & enseuelie au plus profond d'vne fontaine, laquelle est vile, abiecte & nullement prisee, & si est couuerte de fiens & excrements; à laquelle combiẽ qu'elle ne soit qu'vne, on luy baille tous noms: Parquoy dit le Sage Morien, ceste pierre non pierre est animee, ayãt

vertu

vertu de procreer & engendrer : Ceste pierre est oyseau & nõ pierre ny oyseau: Ceste pierre est molle, prenãt son cõmencement, origine & race de Saturne ou de Mars, Soleil & Ven⁹: & si elle est Mars, Soleil & Ven⁹. Ceste pierre seule est pl⁹ resplandissãte & reluisãte que toutes autres, voire plus que la Lune, car maintenant est argent, apres or, receuãt plusieurs especes & formes, comme d'Element d'eauë, de vin, de sãg, de christalin, laict, vierge, sperme, ou semẽce d'hõme vinaigre, vrine d'enfans, pierre ou gõme du Soleil, generale splẽdeur d'iceluy. L'orpimẽt cõstituë & faict le premier Elemẽt: Par fois est nõmee la predite pierre, Mer repurgee & purifiee auec son Soulphre; ainsi cõsequẽment se changẽt & varient les noms, pour ce qu'ils ne veulent point manifester tel secret aux fols & ignorãs lequel secret est ainsi figuré, & par diuerses formes & noms expliquée, afin que les Sages ne soient deceus & ledit secret ne soit point distribué ny manifesté aux fols & ignares.

Dit d'auãtage Moriẽ, nostre pierre est la cõfection ou cõposition de nostre-dit secret, & par ordre est sẽblable à la creatiõ de l'hõme.

Car premieremẽt est la cõionctiõ & la corruption, 3. l'impregnatiõ, 4. l'enfantemẽt, 5. s'ensuit le nutrimẽt. Donc tres-cher lecteur, entẽds bien ces paroles & propos dudit Morien,& tu nerreras point,ny failliras à la verité : Ouure dõc tes yeux, & voy & entends biẽ ces paroles & entens que le sperme des Philosophes est eauë viue, mais la terre c'est le corps *imparfaict*, laquelle terre veritablemẽt est dite *& nõmée mere : pource qu'elle contient & comprẽd tous les Elements, & pource quand le sperme de Mercure est conioint & adjousté auec la terre du corps imparfaict, lors s'appelle la conionctiõ car en ce temps le corps de terre ou la terre du corps imparfaict, se dissoult en eaue de sperme, & se faict eaue sans aucune diuisiõ:* Il est dit aussi en autre lieu: La solution du corps, & la congelatiõ sont deux choses, mais ils n'ont qu'vne operatiõ, car l'esprit n'est point congelé sinon auec le corps dissolu, ny le corps ne se dissoult sinõ auec la cõgelation de l'esprit: & quãd le corps & l'ame se cõioignẽt & adjustẽt ensemble, chacũ d'eux faict action contre son compagnion en faict semblable : l'exemple de cecy est la terre & l'eauë car quãd la terre s'adjouste auec l'eauë telle eauë par sõ humidité & vertu, s'efforce de dissoudre ladite terre, & d'autant qu'elle la rend plus subtile qu'elle n'estoit au parauant, & la faict & rend à soy semblable, car aussi l'eauë est plus subtile que la terre.

Semblablement faict l'ame dans le corps, & par telle sorte l'eauë est rendue espoisse auec la terre, & est faicte sẽblable à la terre, quasi a l'espoisseur pource que la terre est plᵘ espoisse que n'est l'eauë. Et pour ceste raisõ entre la solutiõ de la terre, & la congelatiõ de l'esprit il n'y a point difference de temps, ny diuisiõ d'ouurer aucunemẽt, de sorte qu'vn soit sans l'autre mais tout ainsi qu'ẽtre l'eauë & la terre en leur conionctiõ ne se cognoist point la diuerse partie du tẽps, ny la separation de l'vn ny de l'autre en leurs operations ; tout ainsi que le sperme ou semẽce de l'hõme ne se separe du sperme de la fẽme en l'heure de leur conionction: Sẽblablement de tout cela il y a vn vray but & fin, vn faict, vne voye, & vn chemin, & sẽblable operatiõ, le tout s'accordant ensemble: Au moyẽ dequoy dit Merlin Roy ; La cõionctiõ denote & signifie la mixtiõ & geniture, & les semẽces se meslẽt cõme laict, ce qu'en apres se peut voir, la mixtion estãt parfaitte. Il conuient sçauoir & entendre que quãd la terre se dissout en poudre noire, & qu'elle cõmence quelque peu à retenir du Mercure, pour lors le masle faict & exerce action auec la femme: c'est à dire, Azoc auec la terre. A cause de ce, dit Aristeus en la Turbe; Les masles ensẽble n'engendrẽt point, ny les femmes aussi seules ne cõçoiuẽt point: car la generatiõ est faicte par les masles & femelles mesmemẽt en choses cõme posees, car nature se resiouyst quãd les masles prennẽt & reçoiuẽt les fẽmes,& ſe faict vraye generatiõ, non point adiouſtãt indiſcretemẽt & folemẽt aucunes natures auec autres natures alienes & diſsẽblables. Faits dõc cõioindre & adiuſter ton fils Gabric biẽ aymé de toy & de tous tes enfãs, auec ſa fœur Beya, qui eſt vne fille froide, douce & tendre. Gabric c'eſt le maſle, & Beya eſt la fẽme, laquelle emẽde & corrige ledit Gabric, pource qu'il eſt venu d'elle, & combiẽ que gabric ſoit plus chaud que Beya toutesfois ne ſe faict point generation ſans Beya. Eſtãs dõc couchez Gabric auec Beya, il eſt mort quant & quant, & tout incõtinẽt: car Beya mõte ſur le dit Gabric, & lẽferme & enſerre en ſon ventre, tellement que l'on ne peut totalemẽt voir aucune choſe de luy. Par ſi grãde & vehemente amour elle a embraſſé ledit Gabric qu'elle l'a totalement conceu & tranſmué en ſa nature, & l'a party & diuiſé en diuerſes parties; & c'eſt ce que dit Merlin.

Vers tournez en proſe.

Ce qui eſtoit en la conception comme laict, ſe change & tranſmue en ſang, & ce qui eſtoit blanc ſe faict noir, & apres ſuruient le rouge reſplandiſſant.

Le 3. poinct eſt l'impregnatiõ, quãd la terre ſe blãchit par la predominatiõ & gouuernemẽt, ou vertu de nature. L'eaue & terre croiſt & ſe multiplie, & ſe faict generatiõ & augmẽratiõ de nouuelle lignee, lors il faut lauer & nettoyer la terre denigree & noircie, & blanchir auec la chaleur du feu: Pour ce dit Haly; Prẽs ce qui est descendu au fonds du vaisseau & laue & nettoye le biẽ auec chaleur de feu, iusques à ce que la noirceur soit ostee, & aussi son espoisseur ou crassitude, & en fais sortir & voler ou resoudre toute addition d'humidité, iusques à ce qu'il deuiẽne comme chaux tres-blanche, en laquelle n'aye aucune macule ou ordure, car lors la terre est amiable & bien pure pour receuoir l'ame.

Vers tournez en prose.

L'impregnation corroborant & confortãtce qui a esté mué & changé, apres la conception nous promet plus grande perfection, & ce qui a esté tres-bien purgé se lie & conioint apres par bonne paix & accordãce. Le 4. poinct est l'efantemẽt, qu'ãd le fermẽt de l'ame s'adiuste auec le corps, sçauoir le corps ou terre blãchie, tellemẽt que de tout ne soit faict qu'vn, & en substance & en couleur, lors est nee & faicte nostre pierre ayant vie perpetuelle, car lors l'esprit est cõioint & adjusté auec le corps moyennant l'ame, c'est la vraye composition comme dit Haly: ceci se faict auec putrefaction & mariage, lequel mariage n'est autre chose que mesler le subtil auec l'espois & adjouster ou inserer l'ame auec le corps, & la putrefaction est cuire & rostir la terre, & l'arrouser iusques à ce qu'ils se meslent ensēble, & que tout soit faict vn. En ces matieres ne se faict point diuersité ou varieté ny separation, lors la terre estant meslee auec l'eauë, s'efforcera de retenir ce qui est espois, & le subtil se mettra en deuoir de purger l'ame auec le feu pour le pouuoir souffrir & endurer. Aussi l'esprit né ausdits corps s'efforcera & desirera d'estre respandu auec eux. Et pour autant dit Merlinus.

La quatriesme impregnation,
Par moyen de corruption,
Faict de l'enfant production. (ou
Produit l'enfant sans fiction
A ce qu'est né la vie est donnee,
Et s'il n'est né la vie est deniee.

Le 5. est le nutriment : car la creature estant hors du ventre a besoin d'estre nourrie. Premierement auec laict, & par iuste chaleur à soy conuenante, afin que de peu à peu soit confortée & corroborée, augmentant le nutrimēt à la proportiō de l'accroissemēt: car tant plus les os se fortifient, il paruient à sa ieunesse, & consequemment à son aage parfaict de substance de grande force & vertu.

Semblablement & Par tel moyen il le faut faire en ceste operatiō & œuure. sçachez que sans chaleur rien ne se peut engēdrer ou procreer, la trop grãde chaleur & brulãte, gaste & faict perir, le bain froid chasse & faict fuir ce qui luy est cõjoint: mais celuy qui est tempere faict que par sa douce & amiable chaleur, les humeurs corrõpantes du corps sont ostees & dechassees: Pource dit Morien.

Ce qui a esté premieremẽt né est mis en lumiere, en apres il est nourry & entretenu, le feu surmõte l'eauë, & le phœnix administre & brusle le nutrimẽt: parquoy aussi nostre pierre est appellée le fils né, dont il est dit au liure de la Turbe: honorez vostre Roy qui viẽt du feu, couronnez le d'vn Diadesme, & l'illuminez iusques à ce qu'il paruienne en aage parfaict, & ne le vueillez pas brusler ny faire fuir par trop & trop grande chaleur. car si vous le prouoquez & inuitez à ire ou chaleur, il vous ostera son regime & gouuernemẽt, duquel le pere est le Soleil, & la mere la Lune, lequel le vent a apporté en son vẽtre, & sa nourrice est la terre, mais il est vray qu'il est nourry de son propre laict, sçauoir de Sperme duquel a esté dés le cõmencement: *Soit doncques imbibé & attrẽpé souuẽt, & bien souuẽt de peu à peu de son Mercure, iusques* à ce qu'il boiue son saoul & à suffisãce. Alors cõme dit Haly, le corps est cause de retenir la teinture, & la teinture est cause de faire apparoistre la couleur, & la couleur est cause de demonstrer la teinture, en laquelle est la lumiere, la vie & nature, parquoy c'est le droit & bref chemin ou sentier, & la tres-grande perfection de nostre matiere, voire la fin & consommation de nostre art & œuure.

O tres-cher amy & singulieremẽt aymé, tu peux aisemẽt & facilemẽt entẽdre les obscures paroles des Philosophes, parce que nous auõs dit parcy deuãt, tellemẽt & de sorte que tu pourras coguoistre que tous sont cõuenãs & d'acord en cela sçauoir qu'il n'y a autre art ou moyẽ de faire sinõ ce que i'ay dit & monstré. *Ordõcques tu as desia la solutiõ du corps & la reductiõ d'iceluy à sa premiere matiere, en apres tu as la cõuersiõ d'iceluy en terre, pareillemẽt le blanchissemẽt de la terre noire, & subtiliatiõ ou mutatiõ en l'air* Car lors se faict distillation de l'humidité qui est en luy, & se faict arié & de nature d'air, ce qui mõte de la terre & la terre demeure calcinee; lors est le feu de nature pour lors. Aussi auras la cõmixtiõ d'ame, de corps & desprit ensemble, & cõuersiõ ou mutatiõ d'iceux l'vn auec l'autre, car il prend si grãde augmentatiõ, de laquelle l'vtilité est plus grãde & excellẽte que l'õ ne pourroit conceuoir ny comprẽdre par aucune raison, ce qui se faict, moyẽnãt & aydant le Seigneur largiteur de tous thresors & graces, lequel en Trinité est seul Dieu regnãt par infinis siecles des siecles. Ainsi soit-il.

FIN.

ROGER BACHON DE L'ADMIRABLE POVVOIR ET PVISSANCE de l'Art & de Nature, où est traicté de la pierre Philosophale.

Traduit en François par IACQVES GIRARD de TOVRNVS.

A PARIS,
Chez CHARLES HVLPEAV, sur le Pont S. Michel, à l'Ancre Double: Et en sa Boutique dans la grand' Salle du Palais contre le Parquet.

M. DC. XXVIIII.

Auec priuilege du Roy.

LE TRADVCTEVR AV LECTEVR,

EN petit corps gist souuent grand' puissance.
Ce qu'entendras (Lecteur) lisant ce liure,
Que i'ay traduit & mis en apparence,
Pour d'aucuns sots l'erreur ne faire viure:
Car il demonstre à l'œil ce qu'il faut suiure,
Ou reietter touchant faits admirables:
Et, recitant maints propos veritables,
Tend à ce que l'Art, imitant Nature,
Peut bien celà que maints estiment fables,
Gens hors raison, & d'inique censure.

ROGER BACHON

DE L'ADMIRABLE PVISSANCE DE L'ART, ET Nature, ou est traicté de la pierre Philosophale,

Traduit de Latin en François, par Iacques Girard de Tournus.

VCVNS y a, qui demãdẽt lequel des deux est plus puissant, ou nature, ou art. Respondãt à laquelle question, ou demande, ie dy, combien que nature soit puissante & admirable, que toutesfois l'art, vsant de nature pour instrument, est de plus grãd pouuoir que la vertu naturelle, comme nous voyõs en plusieurs choses. Or tout ce, qui est sans operation de nature, ou d'art, ce n'est point chose naturelle, c'est à dire, que c'est chose feincte, & enuironnée de fraudes & tromperies. Mesme il y en a aucuns, que par vn subit & leger

Art plus puissant que nature.

De ce qui n'est de nature, ou d'art.

Comparaison.

mouuement, & par vne apparence de membres, ou aussi par diuersité de voix, subtilité d'instrumens, tenebres, ou accord, proposent aux hommes maintes choses admirables, qui ne sont aucunement vrayes. (Le monde est plain de ces balliuerneries, comme il est manifeste.

Le monde plain d'abuz.

Exēple.

Qu'ainsi soit les ioüeurs plains de railleries & gaudisserie, baillent maintes mensonges d'vne velocité de mains. Et les diuinateurs d'vne varieté de voix au ventre & gosier, par choses controuuees, & en leur bouche, forment voix humaines de loing, ou de pres, ainsi qu'ils veulent, & comme s'il y auoit humain esprit, qui lors parlat. Voire, ils feignent sons des bestes brutes, Mais les causes ou raisons subiectes à l'herbe & cachées aux costez de la terre, demonstrent que les choses que lesdits deuinateurs feignent par grand mensonge, sont vne puissance humaine, & non point esprit. Aussi ce n'est verité, ains fraude & deception, dire, que les choses inanimées se meuuent legerement, ou souuent, par temps de nuict, ou par temps que le iour faut, qu'on appelle communement entre chien & loup. Au reste, consente-

Si les choses inanimées se mouuent legeremēt de nuict.

ment cõtre fait tout ce que les humains veulent, selon qu'ils se disposent par ensemble. En toutes ces choses n'y a consideration d'aucune raison naturelle, ny d'art, & n'y est point la puissance de nature : mais en cecy l'occupation est plus meschante, quand l'omme mesprise les loix de Philosophie, & contre toute raison inuocque les meschans esprits, à fin que par eux il accomplisse sa volonté. En quoy certes y a erreur, de ce qu'il croit, que les esprits s'humilient à luy, & qu'on les contraint par humaine volonté (ce qui est impossible, pour autant que l'humaine puissance est beaucoup moindre, que celle des esprits) & aussi, que par certaines choses naturelles, desquelles il vse, il a ferme opinion, qu'on appelle, ou qu'õ figure lesdicts malings esprits. De rechef, il y a abus, quãd par inuocatiõs deprecations & sacrifices il s'efforce de les appaiser, & amener pour l'vtilité des mortelz: Cõsideré, que plus aisemẽt sans cõparaison faudroit imperrer de Dieu, ou des bons esprits, ce que l'homme doit reputer vtile & profitable. Que comme soit ainsi, par telles choses inutiles les mauuais

Du consentement en accord.

Contre les inuocateurs des esprits mauuais.

Les esprits ne estre subiects aux humains.

esprits n'assistent point pour luy fauoriser, ou pour obtemperer à sa volonté, sinon d'autant que DIEV (lequel regit & gouuerne le genre humain) permet pour les pechez des hommes. * Et pource, ces voyes & manieres là, sont sans enseignemens ou preceptes de sagesse (voire plustost operent au contraire) ny iamais les Philosophes en ont eu cure & soing. Aussi ils ne se sont souciez des charmes & caracteres. Et pour dire ce, qu'il en faut tenir & croire (apres tout consideré) ie cognois, que sans doubte toutes choses semblables de ce temps sont faulses & doubteuses. Voire, ne plus ne moins, que c'est œuure là seroit faux & abusif, quiconque feroit caracteres, & profereroit des charmes deuant vn chacun, à fin, qu'il se fist vne vertu & puissance d'attraction de fer par l'aymant, comme si icelle totalement estoit incogneuë. Certes aucunes choses y a entre les irraisonnables, c'est à dire, dont on ne peut donner raison (comme on diroit de la susdicte attraction) desquelles les amoureux de science ont fait mention par œuures de nature, & d'art, à fin, qu'ils cachassent les secrets

* xxvj q. v. nec mirum.

Des charmes & caracteres.

Attractio de fer par l'aimant. Les Philosophes auoir parlé des choses par dessus raison & pourquoy.

aux gens indignes. Pour raison desquels plusieurs choses sont cacheés en diuerses façons & manieres, aux liures desdits Philosophes. Ausquels le sage & prudent personnage doit auoir ceste consideration & sagesse de mespriser les charmes & caracteres, & approuuer l'œuure de la nature, & de l'art. Quoy faisant, il verra les choses animées & inanimées symbolizer, & courir ensemblement à nature, pour sa conformité d'icelle, non point pour la vertu du charme, ou du caractere. Et en ce poinctlà, les ignares estiment maints secrets de nature, & d'art, estre choses magiques. Et aussi les magiciens folement se confient aux charmes & caracteres, de ce qu'ils attribuent, ie ne sçay quelle vertu à iceux, & que pour leur gaing & attente, delaissent l'œuure de la nature & de l'art pour l'abus desdits charmes & caracteres. Pour raison dequoy, l'vn & l'autre genre de ces hommes là (sçauoir est, & ignares, & magiciens) sont despouillez, ou priuez de l'vtilité de sagesse, par leur sottie & folie, qui à ce les contraint. Or il y a certaines deprecations anciennement instituées des hommes

Exhortatiõ de l'autheur.

De l'vtilité de prouuer l'œuure de nature & de art.

Des ignares iugeãs maints choses estre magiques.

Abus des magiciens.

De la differẽce des deprecations, sus

Fer ardēt & sur eau de fleuue. veritables, ou plustost ordonnées de DIEV, & des Anges, lesquelles peuuent retenir leur premiere & originelle vertu. Mesmement en plusieurs regions se font encores certaines oraisons sur le fer ardent, & quasi blanc d'estre embrasé & allumé, & sur eauë de fleuue, & semblables choses, qu'on croit se faire par l'authorité des prelats: & ausquelles les simples & innocens sont approuuez, & les coulpables condamnez: com- *Exemple.* me on diroit les exorcismes ou coniurations, que les prestres font en l'eau beniste: & comme on lit en la loy ancien- *L'eau de purgatiō aux Nōbres.* ne de l'eau de purgation, par laquelle l'on approuuoit adulteres, ou fidelité au mary, & plusieurs autres choses de ceste, ou telle & semblable sorte. Mais *Reiecta ble toute chose magicienne.* quand est des choses, & des deprecations, qui sont contenuës aux liures des magiciens, on les doit toutes reietter (combien qu'il y ayt quelque chose de verité) parce qu'il y a tant de choses faulses, qu'on ne peut discerner verité d'entre mensonge, Dont il faut nier, *Salomon n'auoir composé liures de magie.* que Salomon, & ie ne sçay quels autres sages, les ayent composées à tous ceux qui le disent: ioinct, que tels liures ne sont point receuz de l'authorité de l'Eglise, ny des sages gens, ains de seducteurs, qui prennent la simple lettre, composant nouueaux liures, multipliāt nouuelles inuentions : à fin, que plus fort, ils attirent à eux les hommes (comme nous sçauons par experience) proposent tiltres renommez à leurs œuures & les attribuent impudemment à l'authorité de tels ou tel Autheur (comme s'ils n'opinoient rien d'eux mesmes) & aussi font haut style aux choses contingentes, & souz ombre de texte faignent leurs mensonges. Mais pour reuenir & cheoir à nostre premier propos, les caracteres (qui contiennent sens d'oraison inuentée) ou ils sont composez & pourtraicts à la volée, ou il sont faict à la culture des estoiles en temps esleuz. Or tout ainsi comme nous auons parlé des oraisons, aussi nous iugerons premierement desdits caracteres, & secondemēt des signets ou images. Si les caracteres ne sont faicts en leur temps, l'on cognoist qu'ils n'ont totalement aucune efficace ou vertu. Et pource, celuy qui les pourtraict ainsi qu'ils sont formez aux liures, n'ayant esgard, sinon qu'à la

Des seducteurs receuans les liures de magie.

Des caracteres.

Temps necessaire à iceux.

seule figure, laquelle il fabrique à l'exemplaire, est iugé de tout homme sage & de bon esprit, qu'il ne fait chose qui vaille. Au cõtraire, celuy-là, qui en deuës constellations, (ou notations d'astres) fait œuures ou aspects, ou inspections des cieux, peut disposer non seulement les caracteres, mais toutes ces œuures tant d'art que de nature, selon la vertu, ou influence du ciel. Toutesfois, pource qu'il est difficile de perceuoir la certitude des corps celestes à ceste cause, en ces choses il y a grand erreur en plusieurs, & par façon, que peu de gens y a, qui peuuent veritablemẽt & vtilemẽt ordonner quelque chose. Mesme pour celà le vulgaire des Mathematiciens, qui iugent & operent par les estoilles magiques, & par œuures, comme par iugemens en temps esleuz, n'excelle point beaucoup, ores qu'eux tres experts, & suffisamment ayans l'art pourroient faire plusieurs vtilitez. Neantmoins il est à considerer, que le medecin expert, & vn chacun de autre practique & vacation, peut bien vtilement adiouster des charmes & des caracteres (ores qu'ils soient feincts) selon l'opinion de Constantin

Difficile de perceuoir les corps celestes.

Des mathematiciens iugeans par estoiles & œuure.

Chacun pouuoir bailler des breuets.

medecin. Non point pour ce qu'iceux caracteres & charmes soient de quelque valeur, mais bien à fin que plus deuotement, & de plus grande auidité ou courage le patient reçoiue la medecine, qu'on luy bailleroit, qu'il se cõfie d'auãtage, qu'il se reiouysse, & que l'esprit d'iceluy s'excite. Aussi l'ame estant excitee, peut renouueller au propre corps plusieurs choses, tellement, que d'infirmité ou maladie il prendroit conualescence, & viendroit à santé par la ioye & confiance, qu'elle auroit. Si donc le medecin fait tel ou semblable cas, & vient à magnifier son œuure, à fin que ledit patient soit incité d'auoir esperance de guerison, mais qu'il ne face point cela pour aucune fraude & tromperie, ny pour cuyder faire croire audit patient qu'il se porte bien, il n'est point abominable de bailler à aucuns des charmes & breuets, si nous croyõs audit Cõstantin medecin. Car luy en l'epistre des choses qu'on pend au col, ainsi permet des charmes & caracteres, & les soustiēt en ce cas là. * Ioinct (comme dessus) que l'ame peut beaucoup sur son corps par ses vehemens effects, ainsi que de-

Et à quelle intention.

Du pouuoir que l'ame esiouye à sur le corps.

Recapitulation.

Constantin permettre des breuets au col.

** Autrement ils sont defendue, c. nec*

monstre bien Auicenne au liure de l'ame, & au VIII. des animaux, & tous les sages s'y accordēt. A ceste cause & raison l'on fait des ieux, & apporte l'on choses delectables deuant les malades (voire, aucunesfois on permet à leur appetit maintes choses contraires) lesquelles esiouyssent tāt iceux quelquefois, que l'affection & desir de l'ame, & leur grād espoir vient à vaincre & surmonter leur maladie. Surquoy, pource qu'il ne faut aucunement blesser verité, c'est à dire, mentir, il conuient diligemment considerer, que tout agent (non point seulement les substances, ne pareillement les accidens de la III, espece de qualité*) fait vertu, & apporte ombre & apparēce en nature extrinseque, & que des choses se font certaines vertus sensibles. Pour autant, celà (sçauoir est, faire des ieux, & apporter choses delectables, deuant malades) peut profiter & faire (tant pource qu'il est plus notable qu'aucunes choses corporelles, que principalement pour l'excellence, & la dignité de l'ame raisonnable) espece hors soy. Et n'exerce les hommes seulement de chaleur, mais aussi les esprits sont excitez de luy, tout

mirum. xxvj. q. v.

Pourquoy l'on fait ieux deuant malades

** Ceste qualité est celle qu'ō appelle passion, & passible qualité. Exemple de passible qualite douceur au miel, & froideur en la glace de passion, rougeur d'vne hōte en la face, palle couleur de crainte* ainsi que des autres animaux. Cela n'est point de merueille, ioinct, que nous voyons bien qu'aucuns animaux se transmuent, & attirent des choses obeïssantes à eux. Comme l'on diroit, & que nous lisons du Basilic, qui tuë par le seul regard: du Loup, qui rend l'homme enroüé, s'il le voit premier, que l'homme le voye, & de la heyne (ainsi que raconte Solinus des merueilles du monde, & les autres autheurs) qui ne permet qu'estre son ombre le chien iappe & abaye. Item des Iumens en aucuns Royaumes, qui s'emplissent & conçoiuent par l'odeur des cheuaux, comme narre ledict Solinus. Au cas pareil, & qui plus est, Aristote dit au liure des choses vegetables, que les fruicts des palmes femelles prennent maturité par l'odeur des masles. Ainsi donc plusieurs choses semblables & merueilleuses aduiennent par les especes & vertus des animaux, & des plantes, comme afferme ledit Aristote au liure des secrets. Non point qu'il faille dire pour cela, que les plantes, & les animaux puissent atteindre à la dignité de nature humaine. Car s'il estoit ainsi, ils pourroient aucunement faire vertus

Exemples merueilleux.

Pline au liur. viij. cha. xxij.

Le mesme audict liure viij. cha. xxx.

Nature humaine surpasser en dignité

les animaux & les plãtes. &c especes, & rendre ou donner chaleurs pour attirer les corps dehors eux, ce qu'ils ne peuuent faire. Pour raison dequoy iceluy mesme Aristote dit au liure du sommeil & veille, que si la femme menstrueuse regarde le miroir, elle l'infecte, & qu'en iceluy appert nuée de sang. Aussi Solinus encores narre, qu'il y a en Scythie des femmes, qui ont doubles prunelles és yeux (dont Ouide dit; *Nos quoque pupilla duplex*) lesquelles quand elles se courroucent, tuent les hommes, par leur seul regard. Certes nous sçauõs, que l'homme de mauuaise complexion, & ayant maladie contagieuse, comme lepre, mal caduque, fiéure ague, les yeux fort malades, ou autre cas semblable, qu'il contamine & infecte les autres, qui sont deuant luy. Et à l'opposite, nous cognoissons, que les hommes bien complexionnez, & sains (& notamment ceux-là, qui sont ieunes) confortent les autres, & qu'on se resiouyt de leur presence. Qui est pour cause des suaues esprits, des vapeurs salubres & delectables, & de la bonne chaleur naturelle: & aussi pour cause des vertus, qui se font d'iceux, ainsi que Ga-

Pline dit quasi le semblable de mot à autre.

Des vicieux & malades.

Raison d'esiouissance de la presence de ieunes gens.

lien enseigne aux arts. Et ces choses adviennent au mauuais, si l'ame est corrompuë par diuers & grands pechez, si le corps est debile & de mauuaise complexion, & semblablement si la cogitation est forte, & le desir vehement à nuyre, & porter mal encontre. Car lors la nature de complexion, & de fermenté agit plus fort par les cogitations de l'ame, & par les grands desirs, qu'on a. Dont le Lepreux, qui par grand souhait cogitation, & vehemente solicitude, pourchasseroit d'infecter ou enuenimer vn autre, qui seroit deuant luy, l'infecteroit plustost & plusfort, que s'il ne pensoit point à celà ny le desireroit, & poursuiuroit, ioinct, que nature (ainsi que demonstre ledit Auicenne aux lieux predicts) obeit aux pensees & vehementes affections de l'ame. Voire il ne se fait aucune operation humaine, sinon par celà, que la vertu naturelle obeit aux membres, cogitations & souhaits de l'ame. Or ledit Auicenne demonstre au III. de la Metaphysique, que cogitation est le premier mouuant, en apres le desir conferme à cogitation, puis la vertu de l'ame estant aux membres, qui obeyssent

Cogitatiõ de nuyre faire que plustost on nuise.

Confirmation

Nature obeir aux affections de l'ame

De l'ordre des choses mouuans, co-

gitation, desir, vertu de l'ame

aux cogitations & desirs. Et celà (comme dit est) aduient au mauuais, & semblablement au bon. Parquoy, quand ces choses se treuuent estre en l'homme, à sçauoir bonne complexion, santé de corps, ieunesse, beauté, élegance de mẽbres, ame nette de peché, forte pensée, & ardent desir à quelque œuure, alors tout ce qui se peut faire par l'espece, & vertu de l'homme, par les esprits, & la chaleur naturelle, il est de necessité qu'il se face plus fort & auec plus grande vehemences, par tels esprits, vapeurs & influences, que s'il defailloit en aucune de ces choses. Et principalement (dy-je) il est de besoing qu'il se face auec plus grand effort, s'il y a grand desir, & forte intention. Ainsi donc se peuuent faire de grandes choses par paroles & œuures d'hommes, quand toutes les causes cy deuant dictes cõcurrent, ioinct, que lesdictes parolles sont de l'interieur par pensees de l'ame, & que le desir est par mouuement des esprits, chaleur, & vocale arterie, & leur generation à voyes ouuertes par lesquelles y a grand ressort d'esprits, de chaleur, d'euaporation, de vertu, & d'especes qui se peuuẽt faire de l'ame,

Des paroles & œuures d'hõmes.

l'ame, & du cœur. Mesme nous voyons que haleine & baallement prouiennet du cœur par telles arteries aux parties interieures ; & que plusieurs resolutions d'esprits, & de chaleur se font, lesquelles nuysent aucunefois, quand elles prouiennent d'vn corps malade, & qui soit de mauuaise complexion, & à l'opposite aydent, & confortent, quand elles sont produictes d'vn corps net, sain, & de bonne complexion. Au moyen dequoy certaines operations naturelles se peuuent par consequent faire en la generation, & en la prolation de parolles, auec intention & desir d'operer. Dont non sans cause l'on dit, que viue voix a grāde vertu : non point qu'elle ayt ceste efficace, ou puissance, que les magiciens feignent, ny semblablement, qu'ils estiment à faire, & alterer, mais selon que nature a ordonné. Et à ceste cause, il faut bien sagement prendre garde en ces choses : ioinct que l'homme peut facilement decliner & en l'vne & en l'autre partie : & que ia plusieurs errent, de ce, que les vns nient toute operation, & les autres en croyent plus qu'il ne faut, & declinent à l'art magique. Par façon

Confirmation.

Viue voix de grande efficace, non point cōme pensent les magiciens.

Vtile admonition.

Des liures de magie. qu'il y a eu au monde plusieurs liures de charmes, caracteres, oraisons, coniurations, sacrifices & semblables folies, qui sont purement magiques. Comme on diroit, le liure des offices des esprits, le liure de la mort de l'ame, le liure de l'art notoire, & autres infinis, qui ne contiennent (comme dit est) pouuoir & puissance ny de art, ny de nature: mais bien choses controuuées par les magiciẽs. *Discretiõ pour les cognoistre* Toutesfois il est necessaire de cõsiderer qu'õ repute & estime plusieurs liures estre de ceux des magiciens, qui ne sont pas tels ains qui contiennent dignité de sapience. Et quant à ce, l'experience d'vn chacun demonstrera ceux-là qui sont suspects, & ceux qui ne le sont point. Mesme si aucun treuue en quelqu'vn d'iceux *Faible louange des liures d'Alchymisterie.* l'œuure de nature ou d'art, qu'il le preune & reçoiue : si autrement, qu'il le delaisse, comme estant suspect & indigne d'vn homme sage considere que tel liure seroit superflu, & que c'est à faire à vn magicien de penetrer chose superfluë, & non necessaire.) Et ne faut doubter qu'en esprouuant la nature & l'art, on ne paruienne à chef de l'intention qu'on auroit. Parce que, comme Isaac a estimé au liure des fieures, l'ame raisonnable n'est empeschée en ses operations, si elle n'est detenuë par ignorance? & que Aristote sus allegué est d'opinion au liure qu'on auroit. Parce que, cõme Isaac a estimé au liure des fieures, l'ame raisonnable n'est empechée en ses operations, elle n'est detenue par ignorance & que Aristote sus allegué est d'opinion au liure des secrets, qu'en telle chose le persõnage sain & bon, peut toutes choses qui sont necessaires à l'homme, auec toutes influence de la vertu diuine. Ce que tesmoigne ledit Aristote au troisiesme des Metheores, disant, qu'il n'y a vertu, sinon par la puissance de Dieu : & à la fin des Ethiques qu'il n'y a vertu ny morale ny naturelle de celeste vertu, sans influẽce celeste & diuin. Dont quand nous parlons de l'energie & pouuoir des choses particulieres operantes, nous ne reiectons point le agent vniuersel de la premiere cause, qui infonde plus en la chose causée, que ne fait la secõde, comme contient la premiere proposition des causes.

Ignorance empescher l'ame.

Sanctification.

La premiere cause plus infonder que la seconde.

Ie raconteray doncques maintenant merueilles par œuures d'art & de nature

Digression au suiect du present liure eleu.

pour puis apres assignant les causes & manieres des choses, ausquelles il n'y a rien d'art magique dire & conclurre, que toute puissance magique est inferieure à ces operations, & indigne d'icelles. Premierement par figuration de l'art mesme instrumens pour nauiger se peuuent faire, sans qu'il y ait hommes nageans : comme des grandes & marines nauires, qui iroyent par vn seul homme gouuernant en plus grande legereté, que si elles estoyent pleines d'hommes nauigeans. Se peuuent aussi faire des chariotz, qui sans beste ou animal se mouueroyent auec inestimable effort, cõme on estime auoir esté les chariotz garnis, & muniz de rançon, desquels on batailloit anciennement. Aussi peuuent estre faits instrumens pour voller, ou l'homme estant assis au milieu de l'instrument, vireroit aucun engin, & par icelluy les aisles, pource faictes & composées artificiellement, battroient l'air à la maniere d'vn oiseau volant. Item se peut faire instrument petit en quantité, pour esleuer ou abaisser plusieurs poix, duquel il n'est rien plus vtile au cas posé : ioinct que par instrument de la hauteur de

D'aucuns merueilleux artifices de l'art.

Chariots mouuans sans hõme ny beste.

Macrobe.

Instrumēts pour voler.

Pour esleuer grand fardeau.

trois doigts, & largeur d'iceux, & de moindre quantité, pourroit quelqu'vn, soy mesmes & ses compagnons deliurer de tout peril des prisons, & les esleuer & descendre. Plus se peut facilement faire vn engin, par lequel vn homme tireroit à soy mille hommes par violence, sans aucune volonté diceux, se peuuent aussi faire instruments pour marcher en la mer & au fleuue pres d'vn pré, sans peril du corps (mesme Alexandre le grand a vsé de ces choses, à fin qu'il vist les secrets de la mer, selon que narre le moral astronome) & tels instruments anciennemēt & de nostre temps ont esté faits, & est certain qu'il y a instrument pour voler, lequel n'ay veu, & n'ay cogneu homme qui l'ait veu, mais bien cognois par nom & surnom le sage qui a excogité cest artifice. Brief, ils se peuuent faire infinies choses semblables: comme des ponts sur fleuues sans colomne, ou pilier, ou arc, & aucun empeschement: & des machines & engins, desquels on n'a point encores ouy parler. Mais quoy? on troune plus de figurations naturelles, sçauoir est, qu'on peut ainsi figurer choses claires, & miroirs, q'vne

Petit instrument merueilleux.

Instrumēts pour attirer mille hommes.

Pour marcher en la mer.

Histoire d'Alexandre le grand.

certitude d'instrumens pour voler.

Ponts sās colomnes.

D'aucunes figurations naturelles.

chose monstreroit plusieurs: vn homme vn exercice, & plusieurs, & qu'il apparoistroit tant de Soleils & tant de Lunes, que nous voudrions. Car si aucunesfois les vapeurs se figurent tellement, que deux Soleils, ou trois, & deux Lunes apparoissent ensemble en l'air (comme Pline dit, au second liure de l'histoire naturelle) par mesme raison aussi peut vne chose apparoistre plusieurs & infinies. Raison c'est, que apres ce qu'elle a excedé sa vertu, il n'y a (comme argumente Aristote, au chap. de la chose vacque) nombre determiné. Au moyen dequoy, se peuuẽt faire, infinies terreurs à toute Cité & excercite, & certes perilleux, ou par multitude d'apparitiõs d'estoiles ou d'hommes sur eux assemblez, principalement s'il cheoit & aduenoit quelque cas, souz lequel ils se trouuoiẽt. Mesme (dy-ie) se peuuent figurer de choses si claires, qu'elles, estans mises tresloing, apparoistroient tres prochaines, & au contraire, tellement que par incroyable distance nous aurions leu des lettres tres-petites, & veu choses autant petites, que l'on eust peu perser, & aussi aurions fait apparoistre des estoiles en

Pline.

Repetitiõ.

quelle part nous aurion voulu. Et estime l'on que Iules Cesar en ce poinct a apperceu, par grans miroirs, au bort & riuage de la mer, en la Gaule, la disposition & assiette des Chasteaux & citez de la petite Bretaigne. Il se peut aussi figurer des corps de telle industrie, que les tres-grãds apparoistroient tres-petis, & au contraire: & les hauts apparoistroiẽt bas & petits, & à l'opposite: & les occultes apparoistroient manifestes. Qu'il soit ainsi, Socrates trouua & apperceut que le Dragon, qui corrompoit la Cité, & la region, de son haleine & pestilence influence, resider entre des cauernes de montagnes (& ainsi toutes les choses qui seroiẽt contraires aux Citez, & exercites, peuuent estre apperceuës des ennemis) Aussi se peuuent tellement figurer des corps, que les especes & influences venimeuses & infectes iroient là ou l'homme voudroit: ce qu'on dit qu'Aristote enseigna à Alexandre, par lequel enseignement ou doctrine il destourna la Cité mesme le venim du Basilic, qui estoit eleué sur les murailles d'icelle, encontre son exercite. Ils peuuent pareillement figurer des miroirs, tels que tout

Galfridus au 2. liure de l'origine & des gestes des Bretons.

Du Dragon de Socrates.

Histoire merueillable.

homme, qui entreroit en quelque maison, verroit veritablement or, argent, pierres precieuses, & tout ce qu'il voudroit: & quiconque le hasteroit de descouurir le lieu, ne trouueroit rien. Mais pour dire ce que ie vois dire, est des plus hautes puissances de figuration, qu'on peut amener & assembler rayons par diuerses flexions & reflexions, en toute distance, que nous voulons, par façon, que tout obiect se brusleroit (ce que les miroirs, qui bruslent deuant & derriere tesmoignent, comme certains autheurs enseignent aux liures traictans telles choses) & d'auantage le plus grand cas de toutes les figurations & choses figurees, c'est, qu'on descriue les corps celestes selon leurs longitudes & latitudes en figure corporelle, par laquelle ils se meuuent corporellement au mouuement diurnal. Lesquelles choses vaudroient vn Royaume à vn homme discret & sage. Et quant est pour exemples de figurations, icelles suffiroit, combien qu'on pourroit proposer, & mettre en auant plusieurs autres choses admirables. Or à icelles il y en a aucunes annexees sans figurations: & (en toute distance que

Des hautes puissances de figuration.

Le plus grand cas de toutes figuratiōs.

Des choses sans figurations.

nous voulons) pouuons artificiellemēt composer feu bruslant de salpestre, d'huyle, de petreole rouge, & d'autres d'ambre, de naphthe, * de petreole blanc, & de semblables choses. Selon laquelle façon de feu Pline preallegué dit au 2. liure, qu'il y en eut à Rome vn, qui se defendit contre l'exercite des Romains, & que par plusieurs proiects il brusla les gendarmes armez. A quoy est prochain le feu Gregeois, & maintes choses bruslantes. En outre, se peuuent faire perpetuelles lumieres, & de bains ardans sans fin (ainsi comme nous auōs cogneu plusieurs choses, qui ne bruslent point, mais qui se purifient seulement) & d'autres choses merueilleuses & espouuentables de nature. Mesme l'on peut faire en l'air des sons comme de tonnerres, voire en plus grand horreur, que ne sont point les tonnerres, qui se font naturellement (& certes vn peu de matiere, adaptée à la quantité d'vn poulce, fait horrible son, & demonstre vehemente esclaire, ce qui aduient en plusieurs sortes & manieres) par lesquels on destruiroit toute cité & tout exercite, à la maniere de l'artifice de Ge-

*Pline de cecy au 2. liu. chap. 105. Item au 35. chap. 25.

Histoire merueilleuse en Pline.

Pline au 28. liure. chap. 8. Item au 36. liure chapit. 13.

Iosephe des antiquitez. li. 5. chap. 7.

deon, qui a destruit l'Ost & l'armee des Madianites auec seulement trois cens hommes, par trousses des flesches & carquois vuydes, & par flambeaux ou torches, desquelles il sortoit du feu, auec vn bruit si violent, & vn son si esclattant, qu'on ne le pourroit bonnement dire ou exprimer. Lesquelles choses sont merueilleuses, qui en pourroit vser plainement en deuë quantité & matiere. Mais ie propose de l'autre genre, sçauoir est, des effects de l'art, choses esmerueillables, lesquelles ores qu'elles ne soyent de moult grande vtilité, toutesfois ont indicible demonstrance de sapience, & se peuuent applicquer à la probation de toutes choses occultes (ausquelles l'ignare vulgaire contredit) & sont semblables à l'attraction de fer par le diamant. Car qui est celuy, qui croiroit telle attraction, si ne la voit, attendu qu'il y a en icelle plusieurs choses merueillables de nature, que le populaire ne sçait point, comme l'experience monstre, & enseigne l'homme desireux. Mais ces choses sont plus grandes, & plus copieuses, de ce qu'il y a pareillement attraction de tous metaux par la pierre

Des effects de l'art.

d'or & d'argent: & d'ailleurs que la pierre court au vin aigre, * & aussi les plantes l'vne à l'autre : & que les parties des animaux diuisees localement concurrent au mouuement naturel. Ce qu'apres qu'ay entendu, il ne m'a esté rien difficile à croire (quand ie considere bien tout) soit cecy, soit celà, tant en choses artificielles, que naturelles. Mais il y a plus grandes choses, que cestes-là ne sont, sçauoir est, que toute la puissance de mathematicque (iouste l'artifice de Ptolomee, au 8. de l'Almageste) ne met pour instrument, fors superficie, auquel toutes les choses, qui sont au ciel seroient veritablement descriptes par leurs longitudes & latitudes : *& que neantmoins ce n'est en la puissance du mathematicien, sçauoir, qu'icelles se mouuroyent naturellement au mouuement diurnal. Pour autant le fidelle, & excellent experimentateur souhaitte, que cet instrument se fit de telle matiere, & par telle matiere, & par tel artifice. Et pour ce que plusieurs choses se tournent au mouuement des corps celestes, les cometes, la mer en son cours, & autres choses, en tout, ou en leurs parties,

Attraction de tous metaux par enigme.

* *Argent vif.*

Euclides au 1. liure de sa Geometrie, definit, ainsi superficie, Superficies, dit-il, est, quæ longitudinem latitudinemque tantũ habet.

Si les corps celestes se mouuent par diurnal mouuement du Ciel.

il luy semble estre possible, que naturellement elles se meuuent par le diurnal mouuement. Que s'il estoit ainsi, tous instrumens d'astrologie seroient inutiles, tant les exquis, que vulgaires, ny le tresor d'vn Roy se pourroit à grand peine acquerir. Or, pour suiure mon dernier propos de l'art, ils se peuuent faire de plus grandes choses, que n'auons dictes, quant à l'vtilité publique & priuee, non point quant à aucun miracle, c'est à sçauoir que l'homme ameneroit quantité d'or & d'argent sur le champ, & promptement, tant qu'il luy plairoit, selon la perfection de l'art, & non toutesfois selon la possibilité de nature. Qu'il soit ainsi, il y a dix sept especes d'or, c'est à sçauoir huict de la mistion d'argent auec or, & huict de l'admistion de cuiure auec or, comme la premiere maniere se fait des parties de l'or auec aucunes parties de l'argent, iusques qu'il paruienne au vingt-deuxiesme carat ou degré de l'or, augmentant tousiours vn degré d'or auec vn d'argent : tellement, que la derniere espece soit de vingt-quatre degrez ou carats de pur or, sans mistion d'autre metal. Outre lesquels

Des effects de l'art.

17. manieres ou qualitez d'or.

Nature ne pouuoit mettre l'or plus haut

vingt-quatre carats, nature ne peut point proceder, comme l'experience demonstre Mais quant à l'art, il peut augmenter l'or en beaucoup plus de degrez de purité, & semblablement l'accomplir sans fraude ou deception. Mais celà est plus grand cas que ne sont point les choses precedentes, sçauoir est, que l'ame raisonnable ne peut estre contraincte, & toutesfois peut estre de faict disposee, induicte, & excitee à vouloir d'elle-mesme, & de plein gré changer ses meurs, affections, & cupiditez, selon le desir & arbitre d'autruy. A quoy faire non seulement vne personne singuliere peut estre prouoquee, mais aussi toute vne cité, & tout le peuple d'vn Royaume. Et le Philosophe Aristote demonstre telle experience au liure des secrets, tant de region, que d'exercite, & d'vne chacune pers[illegible], ausquelles choses est presque la fi[illegible] la nature, & de l'art. Toutesfois le dernier poinct, & degré iusques ou peut la perfection de l'art, auec toute la puissance de nature, c'est prolongation de vie iusques à vn long-temps, laquelle certes plusieurs experiences ont demonstré estre possible.

qu'au 24 carat.

Des vertus naturelles.

Ou est la fin presq. de nature, ou d'art.

Le dernier point de l'art, & de nature.

Que possible est prolonger sa vie.

Notable enigme en Pline liu. 22. chap. 24.

Mesme Pline, sus allegué, recite qu'vn gendarme puissant de corps, & d'esprit, dura en estat, outre accoustumé, ou commun aage d'homme. Auquel, comme Octauian Auguste eut dit, & demandé, qu'il eut fait, pource qu'il viuoit si longuement, il respondit en enigme, qu'il auoit mis de l'huile par dehors, & du vin miellé par dedans. Aussi depuis plusieurs cas aduindrent. Mesme vn rustique fouïllant aux champs auec vn fossoir, ou vne houë, trouua vn vaisseau d'or plein d'excellente liqueur, de laquelle, estimant que c'estoit rosee du Ciel, laua sa face, & en but: au moyen dequoy il a esté renouuellé d'esprit, de corps, & de bonté de sapience. D'vn bouuier a esté fact messager du Roy de Sicile: ce qui aduint au temps du Roy Ozias. Plus, il est prouué par tesmoignage de lettres papa[illegible] que Almanie, estant captif entre les [illegible]rrasins, receut medecine, par le benefice de laquelle il prolongea sa vie iusques à cinq cens ans, lors & quand le Roy desdicts Sarrasins, qui le detenoit prisonnier, ayant receu les messagers du Roy Magus, auec ceste medecine, qui luy estoit ennoyee, la vou-

Liqueur merueilleuse.

Pline liu. 7. c. 48. & Seruius au Eneide Virgile, tesmoignét que les Egyptiens

lut esprouuer & experimenter audit captif, pource qu'il l'auoit suspecte, & ne s'y fioit point. Aussi la Dame de Tormery en la grand Bretagne, cherchant vne biche blanche, trouua de l'onguent duquel vn forestier de bois s'estoit oingt par tout le corps, fors qu'aux plantes des pieds, & vesquit trois cens ans sans corruption, exceptez douleurs & passions de pieds. Et nous auons experimenté de nostre temps plusieurs fois, qu'aucuns hommes ruraux ont vescu sans conseil & ayde de Medecin cent soixante ans, ou enuiron. Lesquelles choses se confirment par œuures des animaux, comme on diroit du cerf, de l'aigle, du serpent, & de plusieurs autres, lesquels par la vertu des herbes, & des pierres, renouuellent leur aage & ieunesse. A raison dequoy les sages & Philosophes se sont addonnez à tel secret, estans excitez par les exẽples des bestes irraisonnables, & estimans qu'il est possible à l'hõme ce qui est possible & permis aux animaux bruts. Dõt Artephius en sa sapience des secrets, ou il enquiert les vertus desdicts animaux, des pierres, & d'autres choses, se glorifie pour les se-

renõyans leurs ans au defaut de la lune

Cõfirmation des histoires susdictes & suyuantes.

Histoire de prolongation de vie.

crets de nature, qu'il a sceus, & principalement pour la longitude de vie, qu'il a vescu, & a regné par l'espace de 1025. ans. Ainsi par là se corrobore & conferme la possibilité & prolongation de vie, ioinct que l'ame est naturellement immortelle, & ne peut point mourir, & aussi qu'apres le peché Artephius a peu viure enuiron mil ans: des lequel temps petit à petit, luy est abbregée la longitude de vie. raison dequoy faut dire, que telle abbreuiation soit accidentale: & & veu qu'elle est telle, faut aussi dire que la vie humaine se pourra prolonger, si ce n'est en tout, du moins en partie. Que si nous voulons chercher la cause accidentale, comme dit est, de ceste abbreuiation, nous trouuerons qu'elle n'est du ciel, ny d'autre chose, fors que du defaut de regime de santé, & de la corruption des pere & mere. Mesme en ce temps icy les parens sont corrompus, & aduient par celà qu'ils engendrent enfans de corrompuë complexion & composition: & leurs fils de semblable cause se gastent: & descend la corruption des peres aux fils, iusques à ce que l'abbreuiation de vie suruienne, comme au temps

Icy est entendu, de l'ame humaine.

Accidentale l'abbreuiatiõ de vie.

Icelle abbreuiatiõ venir du defaut de bon regime, & de la corruption des parens.

temps d'auiourd'huy. Toutesfois pour celà ne s'ensuit point, que tousiours elle s'abbregera, attendu qu'il y a temps posé ou prefix aux choses humaines, sçauoir est, que pour le plus les hommes viuent septante ans: & au surplus ne leur reste que labeur & douleur. Or est-il qu'il y auroit remede, contre la propre corruption d'vn chacun, si vn chacun exerçoit de sa ieunesse vn parfaict gouuernement de santé, qui consiste au boire & manger, sommeil & veille, mouuement & repos, euacuation, constriction, air & passion d'esprit. Mesme si aucun obseruoit ce regime-là dés sa natiuité, il viuroit tant que permettroit nature prinse des parens, & paruiendroit au dernier but de ceste nature tombee dés l'offence originelle, lequel terme toutesfois il ne pourroit passer, pour autant que regime n'a remede, ou antidote contre l'antique souïlleure de nos premiers peres. Mais quoy? impossible est que l'homme soit ainsi regy en tout par mediocrité des choses susdites, comme requiert & demande ledit regime de santé. Et pourtant il faut, comme dit est, que l'abbreuiation de vie aduienne, non seu-

Temps prefix aux choses humaines. Psal. 89

Contre la propre corruption d'un chacun.

Nul regime contre l'antique corruption des parés.

lement de la corruption des peres & meres, mais aussi de ceste cause là. Or l'art de medecine determine suffisamment ce regime là. Combien que ny le riche, ny le pauure, ny le sage, ny les medecins mesmes, tant parfaicts qu'ils soiẽt ne peuuent en eux, ny en autres, accomplir & obseruer iceluy regime egalemẽt. Toutesfois pour dire, nature ne defaut point en choses necessaires, ny l'art absolu, ains au contraire peut surmarcher & vaincre les passions accidentales, de sorte qu'elles soient effacees en tout, ou en partie. Et au commencement que l'aage des hommes commença de decliner, le remede eust esté facile. Mais de six mille ans, & plus de temps en ça, il est difficile d'y mettre remede. Toutesfois & nonobstant cela, les gens sçauans, meus, comme dit est, des raisons & considerations susdictes, se sont esuertuez & efforcez de trouuer les voyes, non seulement contre le propre defaut de quelque regime que ce soit, mais aussi contre la pollution & corruption des parẽs. Non point pour dire que l'homme peut retourner à la vie d'Adam, ou d'Artephius, pour la corruption desia corro-

L'art de medecine determiner regime de santé.

Nature ne defaillir en choses necessaires.

Quand on pouuoit remedier à la corruptiõ des parens.

Autres ne contens que 5500. ans depuis la creatiõ du monde

Gens de sçauoir y auoir trauaille.

A quelle intention.

boree: ains qu'il peut viure iusques à cent ans, ou que plusieurs peussent prolonger leur vie outre le commun aage des hommes, à presens viuans, quand les passions de vieillesse se retarderoyent, & ou elles ne pourroient estre retardees & cohibees, s'addouciroient. Tellement, qu'outre estimation humaine la vie se prolongeroit vtilement, toutesfois enuiron tousiours le dernier terme. Pour laquelle chose cognoistre, faut entendre qu'il y à vne fin de nature qui est establie aux premiers hommes apres le peché: & vne autre fin ou terme d'vn chacun, venant de la propre corruption des parens. Outre lesquels termes l'on ne peut passer: mais on peut bien passer celuy-là de propre corruption, & non point toutesfois paruenir iusques au premier terme. A laquelle prolongation de vie ie croy que tel sage, que l'on voudroit dire en ce temps, pourroit attein-dre combien que l'aptitude de l'humaine nature ne soit possible, selon qu'elle a esté aux premiers hommes (ce que n'est de merueille) & que ceste cy s'estend à immortalité, tout ainsi qu'elle a esté deuant le peché, & qu'elle sera apres la re-

Deux termes de fin en vn chacun.

L'on euitable, & confirmation de ce[illegible]

Preoccupation d'obiectif.

surrection. Mais si l'on dit que ny Aristote, ny Platon, ny Hyppocrates, ny Galien, sont paruenus à tel prolongement de vie, ie respondray qu'aussi ils ne sont parüenus à plusieurs mediocres vertus & sciences, qui apres eux ont esté sceuës par d'autres gens vertueux & que par ce ils ont peu ignorer ces choses tres-grandes, combien qu'ils y ayent trauaillé, & prins peine à icelles. La cause c'est, qu'ils se sont trop occupez aux autres, & sont plustost paruenus à vieillesse, consumant leur vie aux pires choses, & vulgaires, & non pas aux meilleures & rares, combien qu'ils ayent apperceu plusieurs & diuers secrets. Nous n'ignorons point qu'Aristote dit aux predicamẽs, que la quadrature du cercle peut estre cogneuë n'estant neantmoins pour lors encores sceuë. Parquoy taisiblement il confesse l'auoir ignoree, & aussi tous les autres iusques à son temps. Mais au contraire, nous sommes certains qu'auiourd'huy la verité s'en sçait. Que comme soit ainsi, beaucoup plus pouuoit Aristote ignorer les plus parfonds secrets de nature, quand il n'a sceu la quadrature du cercle. Aussi les sages

Qu'on se doit addonner aux meilleures choses.

Que les anciens ont ignoré maintes choses. De cecy on peut voir le liure D'oronce inscript, de circuli quadratura.

ou doctes de maintenant ignorent plusieurs cas, que les moyennement doctes sçauront au temps aduenir. Dont en toute sorte & maniere que ce soit, ceste obiection est vaine & de nulle valeur. Ayant donc nombré certaines choses touchant la puissance de nature, & de l'art, afin que nous concluons & assemblons beaucoup de peu de cas, le tout des parties, les choses vniuerselles des particulieres, selon que nous voyons qu'il ne nous est necessaires d'aspirer à l'art magique, & veu que nature & l'art suffisent, ie veux maintenant poursuiure par ordre chacunes choses susdictes, & donner causes, & maniere particulierement. En premier lieu ie considere qu'au poils de cheures & brebis, les secrets de nature ne sont point enseignez, de peur qu'vn chacun les entende, comme veut Socrates & Aristote. Lequel mesme dit au liure des secrets, que celuy-là seroit infracteur du celeste sceau & cachet, qui communiqueroit les secrets de nature & de l'art, adioustant, que plusieurs maux aduiennent à celuy-là qui les reuelle. D'auantage il dit, comme est recité au liure des nuicts Attiques, de la collation

Briefue recapitulation.

De l'ordre cy-apres.

Enigme.

Qu'on doit celer les secrets de nature.

Sentence.

ou comparaison des sages, que c'est folie de donner des laictuës à vn asne, veu que les chardons luy suffisent. Et est escrit au liure des pierres, que celuy qui diuulgue les choses mystiques, raualle & diminue la maiesté des choses. Aussi ne sont certains & stables les secrets, que la tourbe ou multitude sçait & cognoit, si nous auons esgard à la probable diuision du vulgaire, qui tousiours dit l'opposite des sages. Que ainsi soit, cela qu'vn chacun voit & semblablement ce que voyent les sages, principalement renommez, est vray. Parquoy ce que plusieurs voyent, c'est à sçauoir, ce que le vulgaire voit, pour le regard de telle chose & telle, il faut que ce soit chose fausse, ie parle du vulgaire, lequel l'on separe d'auec les sages en ce mot, *vulgus*, Car quant aux cõmunes conceptions de l'esprit, ledit vulgaire s'accorde bien auec les sages, mais quant aux propres principes & aux conclusions des arts & sciences, il discorde, se trauaillant empres apparences, en sophismes, subtilitez, & en choses desquelles les doctes n'ont soin & cure. Ledict vulgaire doncques erres & faut, tant en choses propres que secrettes. Au moyen

Le vulgaire different d'auec gẽs de sçauoir.

Quel vulgaire est icy entendu. En quoy discorde le vulgaire d'auec les doctes.

desquelles, comme dict est, il est sequestré d'entre les sages, mais quant est pour le regard des communes, il est compris sous la loy de tous, & n'y a difference d'iceluy auec les sages. Or est-il que les choses communes sont de petite valeur, & ne sont proprement à suiure, fors que pour les particulieres & propres. Mais pour dire qui auroit esté la cause ou raison que toutes gens de sçauoir n'ont declaré leur secret, & qu'ils ont vsé d'obscurité, ç'a esté pource, que le vulgaire se mocque des secrets de sagesse, les mesprise, & ne sçait ou peut iuger des choses tres dignes : & d'autrepart, si quelque chose d'excellence tombe en sa notice, il la reçoit de fortune & par accident, & en abuse en diuerses manieres au dommage des personnes & de la communauté. Parquoy il est fol & bien beste, qui escrit quelque secret, s'il n'est celé & caché du vulgaire : & si à grand peine se peut entendre des vertueux & sages. La vie desquels ainsi certes a esté dés le commencement, & ont mussé au vulgaire les secrets de sagesse en diuerses sortes & manieres. Car aucuns les ont cachez par caracteres &

Choses communes de petite valeur.

Cause de cacher les secrets.

Fol qui escrit secret non caché.

Des manieres de cacher secrets.

charmes : & plusieurs autres par enigmes & choses figurees, comme dit Aristote au susdit liure des secrets, ô Alexãdre ie te veux mõstrer le plus grãd secret des secrets, & pleust à la diuine prouidẽce t'ayder à le cacher, & à parfaire le propos de l'art de ceste pierre, qui est point pierre, & est en chacun hõme, & en chacun lieu, & en chacun temps, & qui s'appelle le terme, ou la fin de tous les Philosophes. Et trouue-t'on en plusieurs liures & en diuerses sciences, comme dessus est dit, innumerables choses obscurcies par telles parolles, & maniere de parler, que personne n'entendroit sans quelque Docteur. Tiercement, ie dy, que les sages ont caché les secrets sous ombre & espece d'escriture, sçauoir est, tant seulement par lettres consonantes, que personne ne pourroit lire s'il ne sçauoit la signification des dictions, comme on diroit, Que les Hebreux, Chaldées, Syriens, & Arabes escriuent, & aussi les Grecs. Pour raison dequoy y a moult grande occultation entr'eux, & notamment entre les Hebreux, gens de haut sçauoir. Car Aristote dit d'eux au liure cy-deuant mentionné, que Dieu leur au-

De la qualité de la pierre Philosophale.

Troisiesme mode de celer secrets.

roit donné toute sagesse, auant ce qu'ils heussent esté Philosophes, & que des Hebreux ont eu commencement de Philosophie. Ce que Albumasar au liure appellé *Introductorij maioris*, enseigne & monstre manifestement, & les autres Philosophes, & aussi Iosephe au 8. liure des antiquitez. Quartement, se fait occultation par mixtion de lettres de diuers genre ou espece. Mesme le moral astronome ainsi cacha sa sagesse, de ce qu'il l'auroit escrite par lettres Hebraïques, Grecques, & Latines, en mesme ordre d'escriture. Quintement, les Philosophes ont couuert & caché les secrets par autres lettres que celles-là, qui se font par les gens de leur païs, c'est à sçauoir, par lettres estranges & d'autres nations, qu'ils feignent pour leur volonté. Et c'est le plus grand empeschement duquel Artephius ait vsé en son liure des secrets de nature. Sextement, se font figures non point de lettres, mais de Geometrie, lesquelles, selon la diuersité des poincts, & notes, ont la puissance des lettres : & d'icelles figures semblablement ledict Artephius a vsé en sa science. Septiesmement, y a plus grand arti-

Les Hebreux auoir la plus grande occultation de secrets.

Commencement de Philosophie par les Hebreux.

Quatriéme sorte de cacher secrets.

Cinquiesme.

Artephius.

Sixiesme

Septiéme.

fice de cacher des secrets, lesquels on baille en l'art notoire, qui est art de noter & escrire par telle briefueté que nous voulons, & par telle velocité que desirons. Ainsi donc plusieurs secrets sont escrits aux liures Latins, & ay estimé qu'il estoit necessaire de toucher ces occultations, parce que pour la magnitude des secrets, i'vseray peut-estre d'aucune de ces manieres, afin que du moins en c'est affaire i'ayde l'estudieux, ainsi qu'il me sera possible. Ie dy doncques que ie veux exposer par ordre les choses que i'ay narrées cy-deuant, & que partant ie veux dissoudre l'œuf philosophal, & chercher (qui est le commencement à autres choses) les parties ou offices d'homme philosophic. Qu'on broye doncques le sel diligemment auec ses eauës, & qu'on le purifie d'autres eauës broyées, & que par diuers broyemens on le froisse fort auec sels, & que on le brusle par plusieurs bruslemens, afin qu'il se face pure terre libre des autres elemens, laquelle ie pleige pour la grandeur de ma longitude, estre digne d'vn chacũ, qu'on entẽde s'il est possible, que sans doubte ce sera chose cõposee d'ele-

Quel est l'art notoire.

Propositiõ de l'Autheur.

Il y a trois especes d'eauës solaire, lunaire, mercuriale.

Enigmes de la confession de la pierre philosophale.

mens, & pour autãt partie de la pierre, qui n'est point pierre & qui est en tout hõme, & en tout temps de l'an, ce qu'õ trouuera en son lieu, apres qu'on prenne de l'huyle comme caillé de fromage & visqueux pour la premiere fois insecable, auquel toute la vertu ignee soit diuisee, & separee par dissolution, or elle se dissoult en eauë aigue de temperee agnité, auec feu lent, & qu'on le cuyse iusques à ce que sa gresse ainsi que celle de chair, se separe par distillation, & qu'il ne sorte aucune chose de l'onctuosité, qui est la noire vertu en laquelle l'vrine se distille: & apres qu'on le cuyse en vinaigre, iusques à ce, qui est cause d'adution, qu'il se desseiche en braize, & que l'on ait ladite noire vertu. Mais si l'on ne se soucie d'icelle, que l'on recommence, & qu'on veille, & prenne garde à ce que ie dy, d'autant que la locution ou maniere de parler est difficile. Or l'huyle dissoult, & en eaues aigues, & en huyle commun, qui opere plus expressément, voire en huyle aigu d'amendres sur le feu, tellement que l'huyle se separe, & que l'esprit occulté demeure, & en partie des animaux, & en soulphre & arsenic.

Philo en ce lieu est limosité de tous metaux, naigent sur le menstrue apres dissolutiõ d'iceux.

Substãce matiere.

De l'huyle artificiel.

Pline au 15. liure chap. 8.

Il y à trois pierres, sçauoir est animale, plantale minerale, du Soleil, de la Lune, de Mercure.

Mesme les pierres (ausquelles y a huyle de superfluë humidité) ont terme de leurs humeurs, pource en partie qu'il n'y a vehemẽte vnion, veu que l'vn se pourroit dissoudre de l'autre, pour la nature de l'eau, qui est subiecte à liquefaction de l'esprit; laquelle est moyenne entre ses parties & l'huyle. Dissolution doncques estre faicte, il demeurera humidité pure en esprit, comme bien fort meslée des parties seiches, qui se meuuent en icelle, laquelle toutesfois le feu, qui est appellé des Philosophes, soulphre fusil, resoudroit. Aucunesfois l'huyle, aucunefois l'humeur aëré, aucunesfois substance coniunctiue (que le feu ne separe point) aucunesfois le canfre, qu'on le laue. C'est l'œuf des amoureux de science, ou plustost le terme & la fin dudict œuf. Et voyla, qui est paruenu à nous de ces huyles. Et est celuy-là reputé entre les huyles de Chenefue, lequel se separe de l'eau, & de l'huyle, dans lequel il se purge. D'auantage l'huyle se corrompt, comme on sçait, le broyant, ou froissant auec choses seichantes, comme sont le sel, l'ancre, & le bruslant, toutefois passion se fait du contraire, apres il se su-

Humidification.

Corruptiõ est putrefaction.

Icy sublimation est fermetion

blime, iusques à ce qu'il soit sequestré ou priué de son oleagineité, & l'eau est comme soulphre, ou arsenic aux mineralles. Il se peut preparer tout ainsi qu'iceux: neantmoins meilleur est qu'il se cuyse en eauës temperees en aignité, iusques à ce qu'il se purge, ou deuienne blanc. Certes il se fait autre salutaire concoction en feu sec ou humide, & (selon que le faict se porte assez bien) ou le distile derechef, iusques que il se rectifie, de la rectification duquel les plus derniers signes sont, blancheur & serenité cristalline. Mesmement cet huyle deuient blanc du feu, se nettoye, reluit de serenité, & merueilleuse splendeur, ores que les autres en deuiennent noirs, & quand la matiere en ceste mode ou façon a esté arse, elle se congele. De l'eau & de la terre d'iceluy il s'engendre vif-argent, mesme elle est comme vif-argent en minerailles. Mais pour dire, la pierre de l'air, qui n'est point pierre, se met en vne pyramide (c'est à dire, vn grand bastiment quarré, large par le bas, & aigu par le haut, à la façon de la flambe de feu) en lieu chaud, ou bien en vn ventre de cheual, ou de bœuf, & se-

de superflueité & icelle sublimation est reduction des corps en l'esprit Distillatiō est separation de la chose liquoreuse putrifiee d'auec sa lie.

Pour le ventre de cheual s'entend le

le fienſt d'iceluy.

mue en fieure aiguë. Parquoy, quand elle vient d'icelle fieure en 10. & de 10. en 21. àfin que les lies & bourbes des huyles ſe diſſoluent en ſon eauë, deuant qu'elle ſoit ſeparee, qu'on itere diſſolution & diſtillation par pluſieurs fois, & iuſques à ce qu'elle ſoit rectifiee. Et ce eſt la fin de ceſte intention. Neaumoins ſçachez qu'aprés qu'on aura tout accomply ou paracheué, il faudra recommencer. Mais ie veux cercher vn autre ſecret.

Multiplication.

Que l'on prepare argent-vif, mortifiant iceluy auec vapeur d'eſtaing par marguerites, & auec vapeur de plomb par la pierre Iberus, apres qu'on le broye auec choſes deſiccantes & acres, & choſes ſemblables (comme il eſt dict) & qu'on le bruſle: en apres qu'on l'eſleue en l'air, tant qu'il vienne à vnion de 12. & à rougeur de 21. & iuſques à ce, que l'humidité d'iceluy ſe corrompe. Et n'eſt poſſible que ſon humidité ſe ſepare pour l'amour de la vapeur (comme l'huyle deuant dict) parce qu'elle eſt vehementement meſlée en ſes parties ſeiches: & ne conſtitue point terme ou fin, ainſi qu'il eſt dit & recité des metaux deſſudicts en ce chapitre. Que veux ie

Corruption en ce lieu eſt putrefaction de la ſubſtance de la choſe par retention de vapeurs.

Tire de ce lieu, lecteur, quel chef d'œuure peuuent ceux là faire, qui n'ont

dire ? On sera deceu & abusé, si l'on n'entend bien les significations de ces termes & vocables. † Or il est temps de traicter obscurement le troisiesme chapitre, afin qu'on entende la clef de l'œuure, qu'on quiert & cherche. Aucunesfois l'on met le corps calciné (& cela se fait afin que l'humeur en iceluy se corrompe par sel, & sel armoniac, & vinaigre) & quelquesfois l'on le cimente † de vif argent, & on le sublime desdits sel, sel armoniac, & vin aigre, iusques à ce qu'il soit en poudre. Par ainsi les clefs de l'art, sont congelation, resolution, inceration, proiection (& est icy la fin & le commencement) toutesfois purification, distillation, separation, sublimation, calcination, inquisition cooperent : & alors on se peut reposer. Or il y a six cens & deux ans des Arabes passez, que l'on me pria d'aucuns secrets. Qu'on preuue donc la pierre, & qu'on la calcine auec lente decoction, & qu'on la broye fort, sans toutesfois choses aiguës : & que sur la fin on entremesle vn peu d'eau douce, & qu'on compose medecine laxatiue de sept choses, si l'on veut, ou de six, ou de cinq, ou de

ou bien peu, cognoissance des lettres.

† Trois especes du sel, armoniac, Alkali, Commun, du Soleil, de la Lune, de Mercure.

† Au Latin y a cibatur.

Les clefs de l'art.

Entends si tu peux.

Calcinatio est purification de la chose par le feu.

quantes il plaira (toutesfois mon esprit se contente de deux) desquelles la meilleure sera en six, qu'en autre proportion, ou enuiron, comme l'experience peut enseigner le desireux; faut neaumoins resoudre l'or au feu, & le couler mieux. Mais si on me veut croire, on prendra vne chose, c'est à sçauoir le secret des secrets, de nature, qui peut choses merueilleuses. Qu'on mesle doncques de deux, ou de plusieurs, ou du phœnix, qui est singulier animal, l'or au feu, & qu'on l'incorpore par vehement mouuement, auquel si on adiouste liqueur chaude quatre ou cinq fois, on aura le dernier propos, mais en apres nature celeste se vient à debiliter & s'affoiblit si on y verse eau chaude trois ou quatre fois. Parquoy l'on diuisera le foible du fort, en diuers vaisseaux (si l'on me croit) & euacuera-l'on ce qui est bon. D'auantage on mettra ou adioustera de la poudre, & exprimera-l'on dilegemment l'eau qui est demouree (car asseurément elle amenera les parties indiuisibles de la poudre) & pource on amassera a part-soy ceste eau, d'autant que la poudre desseichee d'icelle,

Le secret des secrets de nature.

Mixtion est vnion des elemens alterez conioincts par choses indiuisibles.

Le feu.

Il y a au Latin No corporatas.

celle,

cele, a vertu ou de puissance de medecine en corps laxatif. qu'on face doncques, comme deuant est dict, iusques à tant que l'on vienne à distinguer le fort du foible, & que par trois, ou quatre, ou cinq, ou plus de fois, on adiouste la poudre, & qu'on face tousiours en vne mesme maniere. Et si on ne peut operer auec eauë chaude, on fera violence. que si pour aiguité ou tendreur de medecine elle vient à se rompre, apres ce que l'on aura mis de la poudre, l'on adioustera cautement plus de l'or & du mol. Au contraire, si pour l'abondance de la poudre elle se rompt, l'on mettra plus de medecine. Et si pour la force de l'eauë, on le reinssera auec vn pillon, & amassera t'on la matiere tant bien qu'il sera possible, & l'on separera l'eau petit à petit (& retournera en estat) laquelle eau on seichera, ioinct, qu'elle côtient poudre & eau de medecine, qu'il faut incorporer côme poudre. Or qu'ô ne s'édorme point en ce lieu, car il est contenu vn moult vtile & grand secret. Mais si on sçauoit bien ordonner les parties d'vn petit arbrisseau bruslé, ou d'vn faux, & de plusieurs choses, naturellement gar-

Incertitude en l'art d'alchimie pour gens ignares, nô sçauâs les secrets d'iceluy.

deront vnion, & qu'on ne mette cela en oubly, parce qu'il sert, & est profitable à plusieurs choses. Or on meslera trinité auec vnion amollie ou fonduë, & prouiendra, comme ie croy, chose semblable à la pierre appellee des Latins Iberus. Et sans doute, qu'on mortifie ce qui est à mortifier par la vapeur de plōb (on trouuera le plomb, si l'on l'esprint du mort) & qu'on enseuelisse le mort au four de circulation. Qu'on tienne ce secret, car il n'est pas sās vtilité & on fera le semblable auec vapeur de marguerite, ou auec la pierre dite des Latins Tagus: & toutesfois on enseuelira le mort, comme i'ay dit. Or les ans des Arabes, sçauoir est passez, ie responds à la petition d'aucuns en ceste maniere, il faut auoir medecine qui dissolue en chose molle, & soit oincte en icelle, & qu'elle penetre en son terme deux, & soit meslee auec elle, & ne soit point cerf fugitif, & qu'elle transmue icelle, mais soit meslé l'esprit par la racine, & soit par la chaux du metal fixe (or l'on estime que fixacion prepare: quand le corps & l'esprit se mettent en leur lieu, & se subliment, & qu'il se face autant de fois, que

Iberus pierre. *Mortification est separatiō de la chose dure du corps.*

Tagus pierre.

Alteratiō est mutation selon qualité. *Au Latin il y a, calx.* *Fixacion est appellee corps mort.* *C'est à dire de la terre.*

corps soit faict esprit, & esprit soit faict corps. qu'on prenne doncques des os d'Adam, & de la chaulx soubs mesme poix) six choses y a à la pierre petralle, & cinq à la pierre d'vnion) & qu'on broyé cela auec l'eau de vie, de laquelle le propre est de dissoudre toutes autres choses) par façon qu'elle soit dissoulte en icelle, & bruslee, or signe d'inceration est, que medecine ne coule sur le feu bien ardant, en apres qu'on la mette en mesme eau en lieu humide, ou que l'on la suspende en vapeurs d'eaues moult chaudes & liquides, puis que l'on la congele au Soleil, finalement on prendra du sel pierre, & conuertira-t'on argent vif en plomb, & derechef on lauera tant le plomb, & le mondifiera-t'on tant, que ladicte chaulx soit prochaine à argent. Alors on operera comme deuant est dit. Item, on fera boire ainsi tout cela. Mais toutesfois on prendra du sel pierre, lu, ru, vo, po, vir, can, vtri, & du soulphre, & ainsi l'on fera tonnerre & coruscation, & consequemment artifice. Sur ce neaumoins qu'on voye & considere, si ie parle point en enigme, & en sens couuert, ou bien selon sens literal. Certes

Icy est entendu au bain Marie.

Mondification.

Imbibition.

Pour ces monosyllabes sont comprins les sept especes des simples mineraux.

aucuns ont autrement estimé, & n'ont esté de cest aduis. Mesme il m'a esté dit, qu'on doit tout resoudre la matiere, de laquelle on aura d'Aristote aux lieux vulgaires & cele res, pour l'amour dequoy ie n'en veux parler. Or quand on aura ces choses-là, alors on aura plusieurs simples & esgaux, & fera-t'on cela par choses contraires, & par diuerses operations, lesquelles i'ay icy appellees les clefs de l'art. Et Aristote dit, que equalité de puissance contient action & passion de corps, ce que aussi dit Auerrois, en reprouuant Galien. Or ceste medecine est estimee la plus simple qu'õ puisse trouuer, & la plus pure, & qui est bonne contre Leures & passions de l'ame & des corps, & qui est de meilleur pris & marché que nulle autre quelle quelle soit. Qui rescrira ces choses aura la clef qui ouure, & que personne ne clost: & quand il l'aura clause personne n'ouurira.

Congellation, resolution, inceration, & proiection, dites clefs de l'art.

FIN.

IACQVES GIRARD de Tournus, à Maistre Charles Fontaine Parisien & poëte François, demeurant à Lyon, son amy, Salut.

Es iours passez (amy Fontaine) ayant translaté en familier François certain petit œuure traictant, entre autres choses de celles là qu'on dit qui se font de Nature, & des puissances de l'ame, & qui semblent surmonter les sens humains, à fin d'euiter oysiueté, mere de tout vice, i'ay esté incité d'aucuns personnages de bonne literature, & d'autorité, de traduire semblablement ce present liure, de l'admirable pouuoir & puissance de l'art, & de nature (dont est autheur Roger Bachon, de nation Angloise) lequel comprent briefuement les choses qui se font par art imitant nature, & qui sont secretes, & semblent au vulgaire mesme, espouuentables & par ainsi est assez correspondant au premier sus declaré. Ce que toutesfois leur pouuoye iustement refuser de faire

Cause de la traduction de ce liure.

Son subiect.

L'affinité d'icelluy auec certain autre.

(combien que leur suasion fust honneste, & que mon desir soit de communiquer à tous, ce qui leur seroit recreatif & profitable) veu que mon estude & profession tend à autres sciences, qu'à celles qui sont icy traictées (mesmement quand est des transmutations metalliques, ores que i'aye ouy parler d'icelles autresfois ceux, qui cuydent entendre quelque chose) & d'auantage que tel œuure semble plustost quelque fragment, ou eschanteau de cas subtil, que chef rond, c'est à dire, parfaict, entier & orné ou enrichy de numereuses locutions Latines. Au moyẽ dequoy il y auoit plus d'industrie, plus de peine, labeur, & trauail, à le mettre bien & elegãment en François, qu'on ne pourroit estimer, ioinct que l'exemplaire Latin est assez mal agencé, & mesme que la grande briefueté d'iceluy en parolles de choses ardues (ausquelles i'ay estimé qu'on ne doit rien adiouster temerairement) contraint vn peu de suiure rude & petit style. Dont quelque teste legere & mal bastie, qui considereroit ma phrase ou diction, pourroit affermer que i'aye rendu mot pour mot, contre le deuoir & office d'vn bon interpreteur, selon le dire d'Horace, Ce qui ne se trouuera vray, reueremment parlant, fors que quand besoing a esté, & que ne pouuoye faire autrement sans rendre maintes choses en doubte, comme font souuent ceux-là, qui trop

Raisons du deny que le traducteur eust peu faire.

Difficile de le traduire.

Preoccupation d'obiection.

En l'art poëtique

Aucunefois necessaire ren-

vaguent, & qui sont abondans en parolles. Neanmoins cela pourroit, ou sembleroit estre icy necessaire, pour auoir vne vraye interpretation des propres termes de la matiere alchimistique, de laquelle les Egyptiens (comme ie trouue és histoires Grecques) ont esté si grands amateurs, qu'ils en composerent liures, que Diocletian, Empereurs des Romains feit bruster, de peur que lesdits Egyptiens ne s'enrichissent, & que par l'abondance de leurs richesses, ils vinssent à faire rebellion, & à mouuoir guerre contre les Romains. Et depuis ce temps-là ses successeurs Empereurs ont prohibé & defendu par Edict public icelle science. Ce qui par le semblable seroit fort vtile pour ceux-là, qui tellement s'y addonnent, qu'ils en deuiennent pauures & miserables, y ayans consumé leur substance, & aussi trauaillé leur pauure esprit, trop debile à surmonter nature si puissante & admirable en faux & operations, qu'elle est surnommee la fille de Dieu. La vertu & energie neaumoins de laquelle, cet autheur, au commencement de ce liure postpose legerement à celle de l'art (amenant par apres effects de l'vne & de l'autre, & les confrontãt) afin que finalement il rende plus vraysemblable l'artifice, & composition de l'oeuf philosophal, qu'on appelle la pierre philosophale. Dont ne puis auoir aucun suffisant argument de verité qu'elle

dre mot pour mot Si copie est ici necessaire.

Les Egyptiẽs grãs alchimistes.

Diocletiã auoir brulé leurs liures.

Ses successeurs prohibẽt icelle sciẽce. C. de falsa moneta.

Cõtre les alchimistes.

Nature admirable.

L'art preposé à nature.

Si la pierre philosophale est aisabe.

soit faisable, ou se peut composer artificiellement. Car en premier lieu, combien que ie confesse assez que l'art est imitateur de nature, & que tant qu'il peut, il s'esuertue de l'exprimer, & representer, neaumoins il ne peut paruenir à ce, parce que nature penetre le dedans des choses, & l'art prend son subiect seulement aupres le dehors, sçauoir est le dessus, & comme la face. Et c'est vne cause ou raison, entre autres, qui fait, que ie croye que si d'auenture en quelques lieux & endroicts Aristote auroit voulu dire ceste pierre estre possible, & qu'il en ait parlé, ce seroit esté plus pour attraire Alexandre le Grand, Prince contemporel & monarque, à quelque grande estimation de son sçauoir, & à vne admiration des choses, que non point pour la verité & possibilité de tel effect: ainsi qu'oncques les Princes n'ont esté, & iamis ne seront sans auoir des parasites, & bailleurs de happelourdes. Ce que ie dy veritablement, & non pour autre raison, que pource qu'il y en a aucuns si sots d'esprit, qu'ils croyent, & ont pour vn oracle, tout ce qu'ils lisent en Aristote, croyans (ainsi que croyent pauures & fantastiques alchimistes) de quelque apparence (toutesfois superficielle) cela estre vray & possible, qu'ils cognoistroient tres-faux & impossible, s'ils le consideroient sagement. Mesmement ne fut ores, que s'ils consideroyent, que l'on ne trouue point

Art quelle chose.

De sa difference auec nature.

Comme Aristote en a parlé.

Les Princes auoir des parasites.

Côtre les indiscrets auscultateurs d'Aristote.

Nul estre tenu à

certainement, ou pour asseuree verité, qu'aucun en soit desia venu à vraye & parfaicte science, & moins à l'accomplissement de l'œuure, quelques traditions & preceptes que l'on ait eu de ceste pierre philosophale, & quelque chose que veuillent dire, ou soustenir aucunes gens de nostre temps d'assez bon sçauoir & iugement, fors que pour ce regard, Qu'il soit ainsi, Philippe Vstalde, qui a esté grand artiste & abstracteur de quintessence, dit au Ciel des philosophes, chap. 24. Que certes plusieurs ont cherché ceste science, mais que bien peu l'ont trouuée. Il y a toutesfois des liures, qui tesmoignent qu'aucuns en ont eu vraye experience, mais tels liures sont sans autheur, & pourtant d'eux-mesmes ne font, ny ne reçoiuent aucune foy. Mais supposons qu'aucuns des anciens soyent venus à chef de ceste pierre (ie dy tant admirable) si est-ce qu'il est impossible maintenant de iusques-là penetrer, attendu que tous les liures plus exquis de ceste matiere ont esté perdus, & que les plus chetifs sont demeurez. Et encores qu'on a corrompu & brouillé iceux pour la transfusion, ou translation des termes naifs d'vne langue en l'autre, & de l'autre en l'autre, qui ne conuiennēt point toutes en vne mesme energie & vertu. Diray-je d'auantage? ores que ceste pierre philo-

chef de ceste pierre.

Authorité.

Preoccupation d'obiect.

Raisons que ceste pierre ne se peut faire & qu'ō ne s'y doit addōner?
Premiere.

Seconde.

Troisiéme. *sophale seroit auiourd'huy possible, que non, ie ne sçay homme qui s'en soit fait plus riche, ou qui d'eust auoir telle intention & espoir, comme aucuns ont, quand ie considere qu'il conuient, que ceux, qui sont espris de ceste philosofie, attenuent leur esprit, & trauaillent leur cerueau prés la cognoissance des termes d'icelle si bien, mais si folement, qu'ils y consument vn si longtemps, que toute leur vie n'y suffit: que apres ils y courent si grands frais & despens, qu'il y a*

Quatriéme. *grande incertitude de proffit: que si proffit il y auoit, n'en pourroyent vser à souhait & en liberté. Et outre ce, que la plus-part du peuple laisseroit sa propre vacation pour s'appliquer à ceste alchimisterie, afin de plustost s'enrichir, dont aduiendroit petit à petit que toutes choses demeureroient incultes, & que de là s'ensuiuroit trouble, dissention, calamité, famine, desobeyssance enuers les superieurs, & briefuement vn desordre si grand, que iustement pourrions dire (ainsi que disoit vn certain Philosophe, & est recité par Lactance)* Melius non nasci, aut citò aboleri: *c'est à dire, mieux valoir n'estre né ou incontinent mourir.*

Cinquiéme. *Aussi que l'alchimisterie soit art illicite, & reprouuee, il est tout manifeste, parce, que celuy qui croiroit qu'vne espece se peust transferer en vne autre ou semblable par œuure humaine, & sans que specialement le createur de* toutes choses y mist la main, seroit infidelle, & plus detestable qu'vn Payen, comme il est contenu au droit canon. Et au contraire supposé que l'alchimisterie ne soit reprouuee, ains licite, qu'elle ne soit pernicieuse, mais bien profitable à tout homme, si est-ce que peu de gens sont capables & idoines de ceste pierre philosophale. Raison c'est, que tous & notamment les alchimistes, ou (si l'on est offencé de tel mot) Voarchadamiens, conseillent que nul s'entremette en cet art, si premier il n'est grand philosophe: si il ne cognoit le commencement de vraye nature, & le gouuernement & regime d'icelle, s'il ne cognoit les natures des metaux, leurs generations, infirmitez, & imperfections: & d'auantage s'il n'est homme de bon & subtil esprit: s'il n'est doux, humain, non orgueilleux, non cupide, ny auaricieux, mais liberal, aussi qu'il ne soit de deux parolles, ny variable, qu'il soit sans rancune, qu'il soit sain & gaillard: qu'il ne soit trop hastif ou testu, mais ferme & constant en son intention: qu'il soit patient, & qu'il ait la crainte & reuerence de Dieu deuant ses yeux. Si donc ceste pierre est chose tant precieuse, & tant diuine qu'on la fait, peu de gens, comme dit est, sont capables d'icelle, attendu & consideré qu'ils ont aucune chose desusdictes en eux comme il faut, & aussi qu'ils sont souillez & contaminez par

xxxvjq. v. Episcopi circa finem.

Sixiesme.

Geber au liure perfecti magisterii.

Le mesme au lieu susdit & Hermes au 4.

peché. Et d'auantage qu'on la quiert par voyes obliques, & en intention d'vne lucratiue si grande, qu'elle aueuglit & assoupit les cœurs humains. O quelle profondité de tenebres! Les pauures alchimistes promettent les richesses qu'eux-mesmes n'on pas, & cuydans estre sages, ils tombent en la fosse qu'ils ont faicte. Mesme les Professeurs d'alchimie se deçoiuent les vns les autres, veu que s'il y a aucuns d'iceux, qui ait dit plus que les autres, reçoiuent incontinent cela pour vray & ne craignent consumer leurs biens & leurs richesses pour en faire probation, laquelle s'ils ne peuuent auoir, toutesfois la dissimulent, & faignent qu'ils ont tres que certaine: par façon, que d'or & argent sophistiqué, ils ne craindront affermer que ce soit vray or & vray argent. Et non contens de ce (tout ainsi qu'vn mal attire l'autre) viendront à forger fausse monnoye, de laquelle ils abusent le simple vulgaire. Et pensans tousiours auoir affaire auec iceluy, souuentes-fois tombent entre les mains de gens plus rusez qu'ils n'estiment, & finalement entre celles de leur ennemy capital, par lequel prennent miserable fin: ie dy quant à l'honneur de ce monde. Voyla doncques à quoy sert, & peut seruir cet art. Voilà, comment il peut bien taindre & pallier quelque metal, mais non point conuertir la substance d'iceluy en vne autre: comme, faire que

[Margin notes:] ... liure de ses traictez. — Septiéme. — Huictiesme raisō. — Aux Extrauagan. liu. 5. tit. de crim. fals. — L'art d'alchimie pouuoir.

le plomb ou estaing soit pur argent. Aussi certes c'est chose, que ie ne puis croire. Parquoy, s'il nous est à gré de quelquefois philosopher, philosophōs tous, nō empres ceste pierre & sciēcequi n'est mie, mais plustost empres Iesus-Christ, qui est la vraye pierre solide, & eternelle. Et, pour faire fin de cecy concluons briefuement, que telle maniere de gens (diray-ie de fols?) ne s'estudient moins à eux destruire par ce poinct-là, que par guerres & dissensions, qui regnent plus que iamais, pour le temps d'auiourd'huy. Mais que responderay-ie donc (amy Fontaine) à ceux-là, qui demanderont pourquoy, estant de iugement & raison ainsi contraire, i'ay traduit tel liure? Diray-ie point, que c'est pour ce qu'aucuns m'en ont parlé & incité, comme dit est? Non seulement, ie diray cela, car i'ay consideré auec ce, qu'il y a en ce liure de belles & veritables histoires, loüables sentences, argumens diuers, & finalement plusieurs poincts, moult dignes d'estre notez, comme l'on cognoistra par le discours d'iceluy, le tout auec vn contentement d'esprit. Tant est vray le dire de Pline, qu'il n'y a si mauuais liure qu'il n'ait quelque chose de bon, & quelque vtilité. Or, tout ce consideré (comme tu le pourras tres-bien considerer) prendras d'aussi bon gré ce petit liure, comme ie le te presente & dedie. Ce que ne refuseras point faire, tout

taindrē quelquē metal.

Conclusion de cē quē dessus.

Preoccupation.

Egard du traducteur à ce liure.

Dit notable de Pline.

Platon appellé philosicos.

ainsi que le diuin Philosophe Platon ne refusa point les figues, que ses petits escholiers luy donnoyent, pour raison dequoy il fut appellé philosicos, *qui est autant à dire, comme amateur de figues. C'est de Tournus ce vingt-sixiesme iour de Septembre, l'an 1557.*

IEAN BRVNET DE TOVRNVS,

à Maistre Iacques *Girard dudit lieu, son singulier & parfaict amy.*

Si le maling vulgaire (amy Girard)
Mesdit souuent de ce qui est loüable:
Craindras-tu point, veu mesme ton propre art,
De diuulguer ce translat profitable?
Non (si me crois) car il m'est aggreable,
Quoy que voudroyent enuieux blasonner,
Les abusez de l'art tant admirable,
Par ton moyen se pourront destourner.

LEDICT IEAN BRVNET au lecteur humble salut & amitié.

LECTEVR Beneuole, tu as en briefues paroles de l'art & de nature l'admirable puissance, escrite premierement par monsieur ROGER BACHON, Philosophe & grand personnage de son temps, & maintenant traduicte en lãgue vulgaire par M. Iacques Girard de Tournus, homme docte: te demonstrant que l'art imitant la nature, luy ayde beaucoup, & que par icelle imitation la surpasse: car ainsi le faut entendre, & non point comme le font aucuns qui temerairement disent, l'art (simplement prins) passer nature. Et si ainsi est, qu'ils me respondent. à sçauoir mon, si par leur art ils produiront ou feront vn arbrisseau, ou vne plante autant parfaicte que nature? ou bien vne pomme, poire, ou raisin? Ou bien, si messieurs les temeraires alchimistes me feront par leur friuole science sophisticatoire, vne procreation d'or, argent, cuyure, ou autre metal, telle que dame nature la fait? Non certes. Ce neaumoins ie ne veux point nier que le sage Philosophe & Voarchadimien ou alchimiste, ne puisse par son art & industrie faire de grandissimes choses, en & par la transmutation des metaux imitant nature, & luy adaptant ses symbolisans & subiects (le tout selon les secrets & facultez de l'art voarchadimique, & archicanopique) Mesme selon les enseignemens & escrits de Geber Arabien de Calidis Iuif, de Hermes Trimegiste, d'Aristote, de Charles quatriesme Empereur des Romains, d'Auicenne, Albert le Grand, Raymond Lulle, Arnold de Ville-neufue, Richard l'Anglois, Roy dudict païs, Iean de la Roche granchée, Iean Auguſtin Panthee. Philippes Vſtalde, Iean de la Fontaine de Valenciennes, & le miroir dudit Bachon: ioinct pluſieurs autres traictez de certains autheurs incogneus, comme les grands & petits Vergiers, ou Iardin des Philoſophes, le ſon de la trompette & cornet d'iceux Philoſophes, c'eſt à dire leur conſiſtoire au parquet. Leſquels liures ſont autresfois tombez entre mes mains, & par le moyen de beaucoup de mes amis. Auſquels certes tu trouueras de grandiſſimes & appatentes raiſons les bien voyant & entendant. Neaumoins, lecteur, ie t'aduerty que tu ne conſommes ta ſubſtance en cet endroit, comme font les fols & temeraires (leſquels eſtants de petit ſçauoir, & n'ayant la cognoiſſance des principes, à terme que l'accompliſſement de la nature des choſes minerales, & ne ſçauans ce qu'ils cherchent, dont ils ne ſont certains de ce qu'ils trouueront, preſument ſonder vn abyſme, & profondiſſime concauité auec vne petite buche de paille de trois doigts de longueur, ou moins) ſi parfaictement tu n'entends la vraye ſource & nature des choſes metalliques & minerales, qui ſont les ſecrets de nature, qu'iceux Philoſophes Voarchadimiens, & Archicanopiens, ou bien ſages alchimiſtes ont caché ſoubs ce pretexte d'art aſtu, que tu ne diſe la ſcience d'iceux eſtre fauſe: attendu qu'elle eſt toute demonſtree par enigmes & obſcures propoſitions, par leſdicts Philoſophes, qui ont traicté d'icelle, ne voulans ſemer les marguerites aux pourceaux. Te diſant à Dieu. 1558.

www.ingramcontent.com/pod-product-compliance
Ingram Content Group UK Ltd.
Pitfield, Milton Keynes, MK11 3LW, UK
UKHW020347230726
13925UKWH00003B/999